FORSCHUNGSBERICHTE DES LANDES NORDRHEIN-WESTFALEN

Nr. 2211

Herausgegeben im Auftrage des Ministerpräsidenten Heinz Kühn
vom Minister für Wissenschaft und Forschung Johannes Rau

Prof. Dr. rer. nat. Giselher Valk
Dr. rer. nat. Helmut Krüssmann
Dr. rer. nat. Gerhard Heidemann
Text.-Ing. B. Sc. Sudhir Dugal

Textilforschungsanstalt Krefeld e. V.

Untersuchungen
zum Mechanismus der Thermooxidation
und zur Stabilisierung von Nylon 6

SPRINGER FACHMEDIEN WIESBADEN GMBH 1971

ISBN 978-3-663-19928-1   ISBN 978-3-663-20272-1 (eBook)
DOI 10.1007/978-3-663-20272-1

© 1971 by Springer Fachmedien Wiesbaden

Ursprünglich erschienen bei Westdeutscher Verlag GmbH, Opladen 1971

Gesamtherstellung: Westdeutscher Verlag

Inhalt

1. Einleitung 5
   - 1.1 Technische Bedeutung der Polyamide 5
   - 1.2 Chemie der Polyamide 5

2. Autoxidation von Polyamiden 6
   - 2.1 Literaturübersicht 6
   - 2.1.1 Untersuchungen an Modellverbindungen 6
   - 2.1.2 Untersuchungen an Polymeren 8
   - 2.2 Problemstellung 9
   - 2.3 Ergebnisse und Diskussion 10
   - 2.3.1 Identifizierung von Sekundärprodukten des Abbaus 10
   - 2.3.2 Konformationsabhängigkeit der Reaktivität N-vicinaler Methylengruppen 13
   - 2.3.3 Schlußfolgerung der Diskussion des thermooxidativen Abbaus von Nylon 6 15

3. Stabilisierung von Nylon 6 16
   - 3.1 Literaturübersicht 16
   - 3.2 Problemstellung 19
   - 3.3 Ergebnisse und Diskussion 20
   - 3.3.1 Versuche an Fasern 20
   - 3.3.2 Versuche an Filmen 21
   - 3.3.3 Versuche an Modellsubstanzen 21
   - 3.3.4 Diskussion der Ergebnisse 24

4. Experimenteller Teil 25
   - 4.1 Thermooxidation von Nylon 6 25
   - 4.1.1 Material 25
   - 4.1.2 Thermooxidativer Abbau 25
   - 4.1.3 Photooxidation 25
   - 4.1.4 Hydrolyse und Trennoperationen 25
   - 4.1.5.1 Fraktion 1 26
   - 4.1.5.2 Fraktion 2 26
   - 4.1.5.3 Fraktion 3a und 3b
     (mit 2.4-Dinitrophenylhydrazin fällbare Verbindungen) 27
   - 4.1.5.4 Fraktion 4 27
   - 4.1.5.5 Fraktion 5 28
   - 4.1.5.6 Fraktion 6 28
   - 4.1.6 Quantitative Bestimmungen 29
   - 4.1.6.1 Adipinsäure 29
   - 4.1.6.2 n-Butylamin 29
   - 4.1.7 IR-Spektren 30
   - 4.1.8 Präparate 30

4.1.8.1	Lösungsmittel und Vergleichssubstanzen	30
4.2	Stabilisierung von Nylon 6	30
4.2.1	Stabilisierungsversuche an Nylon 6	30
4.2.2	Bestimmung der Induktionszeit mit Hilfe der Differentialkalorimetrie	30
4.2.3	Untersuchung an Modellverbindungen	31
4.2.4	Präparativer Teil	31
4.2.4.1	Herstellung der Modellsubstanzen	31
4.2.4.2	Herstellung der Stabilisatoren	32

5. Zusammenfassung 33

6. Literaturverzeichnis 34

Abbildungsanhang 38

1. Einleitung

1.1 Technische Bedeutung der Polyamide

Neben den natürlichen Fasern Baumwolle, Wolle und Seide nehmen die Chemiefasern in der Textilindustrie heute einen zunehmend großen Raum ein. Während im Jahre 1950 etwa 18% der Gesamtfaserproduktion auf die Chemiefasern entfielen, waren im Jahre 1969 schon 38% Chemiefasern, davon ca. 63% Synthesefasern. Etwa 40% hiervon waren Polyamide. Bei den Polyamiden handelt es sich bevorzugt um Nylon 6 und 66.
Die technische Bedeutung des Nylon 6 beruht vor allem auf seinen technologischen Eigenschaften [1]. Hervorragende Zerreißfestigkeit, extrem hohe Scheuerbeständigkeit und hohe Elastizität sind mit leichter Anfärbbarkeit gepaart. Neben der für alle synthetischen Fasern charakteristischen starken elektrostatischen Aufladbarkeit und hohen Schmutz- und Ölaffinität macht sich vor allem die geringe Beständigkeit gegen chemische Einflüsse bemerkbar. Während die hydrolytische Kettenspaltung des Materials unter den üblichen Verarbeitungsmethoden und im normalen Gebrauch kaum in Erscheinung tritt [2], ist es vor allem die geringe Beständigkeit gegen Licht und Hitzeeinwirkung in Gegenwart von Sauerstoff, welche die Gebrauchseigenschaften der Faser herabsetzt. Beide Einflüsse bewirken eine Verschlechterung der mechanisch-technologischen Eigenschaften und eine starke Vergilbung. Daneben nimmt, vor allem bei einer Hitzeschädigung, die Zahl der freien Aminoendgruppen ab, wodurch zugleich das Bindevermögen für saure Farbstoffe verringert wird.
Während Lichtschäden hauptsächlich beim Gebrauch der Fasern auftreten, spielen Hitzeschäden bei der Verarbeitung des Fasermaterials eine große Rolle. Im Verlauf der technischen Herstellung, der Verarbeitung und der Veredlung wirkt Wärme auf die Fasern ein. Während beim Schmelzspinnen Sauerstoff weitgehend ausgeschlossen werden kann, können beim Hitzefixieren und Texturieren oxidative Abbaureaktionen auftreten. In letzterer Zeit wird Nylon 6 in zunehmendem Maße zu Spritzgußartikeln und zur Herstellung von Kunststoffblöcken eingesetzt. Vor allem im letzteren Fall spielt die thermische Beständigkeit das Polyamids in Gegenwart von Sauerstoff eine große Rolle, da solche Blöcke wegen der sonst auftretenden inneren Spannungen nur langsam abgekühlt werden können.
Um solche Abbauerscheinungen zu verhindern, werden den Fasern Stabilisatoren zugesetzt, die bislang noch weitgehend empirisch ausgesucht werden. Erste Patente erschienen bereits kurz nach dem ersten großtechnischen Herstellungsverfahren für Polyamide im Jahre 1941 [3]. Über den Mechanismus sowohl des Abbaus als auch der Stabilisierung ist bis heute noch nichts bekannt. Wegen der großen technischen Bedeutung der Polyamide ist eine Aufklärung des Abbaumechanismus sehr wichtig, da ja die Empfindlichkeit von Nylon gegenüber Licht und Hitze ein großer Nachteil für die Verarbeitung und den Gebrauch der hieraus hergestellten Artikel ist. Kennt man den Abbaumechanismus, so wird es eher möglich sein, systematische Stabilisierungsversuche durchzuführen.

1.2 Chemie der Polyamide

Polyamide sind vom Strukturtyp her Alkylamide, die in ihrem chemischen Verhalten weitgehend diesem Verbindungstyp ähneln. Besonderheiten in ihrer chemischen

Reaktionsfähigkeit sind in ihrem makromolekularen Aufbau begründet, wobei die Kettenbeweglichkeit eine entscheidende Rolle spielt. Man kann Polyamide auch als makromolekulare unverzweigte Kohlenwasserstoffe auffassen, deren Kohlenstoffkette in regelmäßigen Abständen durch Carbonamidgruppen unterbrochen ist. Als Kettenmoleküle mit Heteroatomen besitzen Polyamide in den N- und CO-vicinalen Methylengruppen zwei Molekülgruppen, die, verglichen mit den übrigen, eine besondere Stellung einnehmen. Während lineare Paraffine beim photo- und thermooxidativen Abbau statistisch angegriffen werden, liegt bei Polyamiden, bedingt durch die unterschiedliche Reaktivität der Methylengruppen, ein wesentlich komplizierterer Mechanismus vor.

Zwei Besonderheiten der Carbonamidgruppe wirken sich bei der Beeinflussung der Reaktivität aus, die planare Anordnung der Amidgruppe, bedingt durch die Amidmesomerie, und die Konformation der ihr benachbarten Methylengruppen. Die Wechselwirkung zwischen dem π-Elektronensystem und diesen Gruppen ist von der Kettenkonformation abhängig.

Daneben spielt auch der induktive Effekt der Carbonamidgruppe eine Rolle, d. h. ihre Elektronendichteverteilung. Diese weist am Sauerstoff und am Stickstoff je ein Maximum und am Kohlenstoff ein Minimum auf. Alle drei Faktoren werden die Reaktivität der Polyamide und damit den Abbaumechanismus entscheidend beeinflussen.

2. Autoxidation von Polyamiden

2.1 Literaturübersicht

2.1.1 Untersuchungen an Modellverbindungen

Der Abbau von Polyamiden durch Licht und Hitze ist schon von vielen Autoren untersucht worden. Während historisch gesehen das Schwergewicht zunächst einmal auf die Änderung rein textiler Eigenschaften gelegt wurde, wie Festigkeit, Elastizität, Anfärbbarkeit und auch Lösungsviskosität, d. h. Polymerisationsgrad, wurden in den letzten Jahren auch Arbeiten durchgeführt, die sich mit den chemischen Veränderungen der Fasern beschäftigen. Im Mittelpunkt des Interesses stand zunächst einmal die Untersuchung der Änderung der freien Endgruppen bei einem thermischen oder photochemischen Abbau, vor allem die für die Beeinflussung der Anfärbbarkeit mit Säurefarbstoffen verantwortliche Änderung der Aminoendgruppenkonzentration. Weitere Arbeiten dienten dem Zweck, den Reaktionsmechanismus der Abbaureaktionen vor allem im Hinblick auf eine systematische Verbesserung der Fasereigenschaften aufzuklären. Es stellte sich dabei heraus, daß beim photo- und thermooxidativen Abbau ähnliche Sekundärprodukte auftreten. Die heutigen Vorstellungen über Abbauerscheinungen an Polyamiden sind grundlegend nur beim photooxidativen Abbau untersucht worden, so daß im weiteren auch Arbeiten über den Lichtabbau diskutiert werden müssen. Da chemische Reaktionen polymerer Verbindungen im allgemeinen nur sehr schwer zu verfolgen sind (die Analytik der Reaktionsprodukte ist sehr schwer), wurden die ersten Vorstellungen über den Licht- und Hitzeabbau von Polyamiden an niedermolekularen Modellsubstanzen, einfachen Alkylamiden, erarbeitet.

SHARKEY und MOCHEL [4] haben in grundlegenden Arbeiten über den photooxidativen Abbau von niedermolekularen N-substituierten Amiden als Modelle für Nylon 66 einen Reaktionsmechanismus aufgestellt, der heute die Basis für alle Diskussionen, sowohl über den thermischen als auch über den photooxidativen Abbau von Polyamiden darstellt. Sie konnten durch radioaktive Markierung eindeutig nachweisen, daß der primäre Angriff des Sauerstoffes an der N-vicinalen Methylengruppe erfolgt. Eine Beteiligung der am Stickstoff gebundenen Wasserstoffs am oxidativen Abbau findet nicht statt. Die Oxidationsgeschwindigkeit wird bei N-Methylierung erhöht. N-vicinale Methylierung verringert die Oxidationsbereitschaft, allerdings nicht bis zur völligen Beständigkeit gegen Sauerstoff unter den angegebenen Bedingungen. β-Methylierung und CO-vicinale Substitution ändern die Reaktionsgeschwindigkeit nur geringfügig. Die Autoren nehmen auf Grund ihrer Ergebnisse an, daß nur der Aminteil angegriffen wird. Startreaktion soll die homolytische Spaltung der Carbonamidbindung sein.

Die entstandenen Radikale reagieren mit einem weiteren Amidmolekül unter Bildung eines N-vicinalen Radikals, das mit Sauerstoff zu einem Hydroperoxidradikal weiterreagiert. Dieses entzieht einem weiteren Amidmolekül ein Wasserstoffatom unter Bildung eines Hydroperoxids und eines N-vicinalen Kohlenstoffradikals, das wieder in die Reaktion eintritt (Kettenfortpflanzung). Das entstandene Hydroperoxid kann in verschiedener Weise weiterreagieren, wobei die von SHARKEY und MOCHEL nachgewiesenen Reaktionsprodukte gebildet werden. Ein CO-vicinaler Angriff, wenn auch in geringerem Maße, kann allerdings nicht völlig ausgeschlossen werden.

Die Möglichkeit der Bildung N-vicinaler Hydroperoxide bei der Photooxidation konnte von RIECHE und Mitarbeitern [5, 6, 7] am Caprolactam sichergestellt werden. Sie konnten das N-vicinale Hydroperoxid in Substanz gewinnen und auch die Umwandlung in das cyclische Adipinsäureimid experimentell nachweisen. Einen ähnlichen Reaktionsweg konnten LOCK und SAGAR [8] auch bei der radikalisch initiierten Photooxidation linearer Alkylamide nachweisen, wobei ebenfalls die Hydroperoxidstufe isoliert wurde.

Durch Arbeiten von R. F. MOORE [9] wurde der von SHARKEY und MOCHEL [4] postulierte Mechanismus ebenfalls an Modellamiden bestätigt. Jedoch fand MOORE noch Substanzen, die auf einen weiteren Abbau der Aminkomponente hinweisen.

Bei einigen Modellamiden treten daneben noch Produkte mit dem doppelten Molekulargewicht der Ausgangsverbindung auf, die durch radikalische Dimerisierung entstanden sein sollen. Die Verknüpfungsstelle wird nicht weiter diskutiert.

GARG [10] findet bei der Bestrahlung von Di-N-propyladipinsäurediamid in wäßriger Lösung neben wenig Formaldehyd und Acetaldehyd große Mengen an Propionaldehyd, eine Tatsache, die mit dem Reaktionsvorschlag von SHARKEY und MOCHEL vereinbar ist.

Arbeiten von BURNETT und RICHES [11] über die sensibilisierte Photooxidation von Alkylamiden im Jahre 1966 weisen darauf hin, daß die Reaktionsfähigkeit der Amide strukturabhängig ist. Amide mit gerader Kohlenstoffzahl im Aminteil werden wesentlich rascher als diejenigen mit ungerader Kohlenstoffzahl oxidiert. Ihrer Ansicht nach spielt die molekulare Assoziation eine große Rolle. Die Autoren nehmen einen primären Angriff am N-vicinalen Kohlenstoff durch ein aktiviertes Sensibilisatormolekül an.

LOCK und SAGAR [8, 12, 13] untersuchten neben der radikalisch initiierten Photooxidation auch die Thermooxidation von Alkylamiden und bestätigten den von SHARKEY und MOCHEL [4] für die Photooxidation aufgestellten Mechanismus. Die N-vicinalen Hydroperoxide, die in Substanz isoliert werden konnten, lieferten beim Erhitzen unter Stickstoff die entsprechenden Abbauprodukte. Ein Angriff auf den Säureteil der Amide konnte von den Autoren ebenfalls nicht nachgewiesen werden, dagegen deuten einige Produkte auf einen primären Angriff in β-Stellung zum Stickstoff hin, d. h. der thermooxidative Abbau scheint nicht ausschließlich nach dem Reaktionsschema von SHARKEY und MOCHEL abzulaufen.

Zusammenfassend kann man sagen, daß sowohl bei der Photooxidation als auch bei der Thermooxidation von Modellamiden der von SHARKEY und MOCHEL vorgeschlagene Reaktionsmechanismus von allen Bearbeitern mit geringen Abweichungen als richtig angesehen wird.

2.1.2 Untersuchungen an Polymeren

Daß die Grundlagen über die Autoxidation von Amiden, die an niedermolekularen Verbindungen erarbeitet worden waren, für den Abbaumechanismus von polymeren Amiden gültig sind, läßt sich nicht ohne weiteres voraussetzen. Bei Polymeren spielen wegen der Starrheit der Ketten einige Faktoren eine Rolle, die bei niedermolekularen Verbindungen nur von geringer Bedeutung sind: die Zugänglichkeit der einzelnen Methylengruppen, die bedingt durch die Inhomogenität der Polymere sehr unterschiedlich sein kann, und die sterische Anordnung der einzelnen Methylengruppen zueinander.

Untersuchungen von BOASSON [14], KROES [15], FESTER [16] und R. F. MOORE [9] lassen vermuten, daß der von SHARKEY und MOCHEL nachgewiesene Mechanismus auch für den photooxidativen Abbau des Polymeren gültig ist. Das Auftreten von Adipinsäure als Hauptabbauprodukt des Lichtabbaus von Nylon 6 [14–16] läßt sich nur durch einen N-vicinalen Angriff erklären. Die Arbeiten von BOASSON [14] zeigen jedoch, daß das einfache Reaktionsschema für das Polymere offensichtlich nicht mehr gültig ist. Neben Adipinsäure und niederen Dicarbonsäuren wurden Aminosäuren und Alkylamine nachgewiesen, die nicht durch einen N-vicinalen Angriff entstehen können. Stickstoffhaltige Abbauprodukte außer Ammoniak können nur entstehen, wenn keine Spaltung der $NH-CH_2$-Bindung stattfindet, wie das im Schema von SHARKEY und MOCHEL der Fall ist. Ergebnisse von MOORE [9] weisen ebenfalls darauf hin.

MAREK und LERCH [17] beschäftigen sich in der Hauptsache mit den Ursachen der Vergilbung von Nylon 66 bei Lichteinwirkung. Sie stellten die Bildung von 1.4-Diketoverbindungen fest, wobei sie einen Angriff an der CO-vicinalen Methylengruppe postulieren. Diese Reaktion wird auch von KROES [15] diskutiert.

Ebenso wie beim Belichten in Gegenwart von Sauerstoff Photolyse und Photooxidation nebeneinander ablaufen, so können beim Erhitzen neben der Autoxidation auch thermolytische Prozesse eine Rolle spielen. Eine Zusammenstellung der Literatur über die Einwirkung von Hitze auf Polymere haben LEVI und TEETSEL veröffentlicht [18, 19]. Untersuchungen über die Thermolyse in Abwesenheit von Sauerstoff wurden wegen ihrer Bedeutung für das Schmelzspinnverfahren schon relativ früh durchgeführt. Neben der von SHARKEY und MOCHEL [4] angenommenen primären Spaltung der Carbonamidbindung [9, 20–22] werden verschiedene Spaltungsreaktionen angenommen. Primäre Spaltung der CH_2-CO-Bindung [23] und der Kohlenstoff–Wasserstoff-Bindung, vor allem am CO- und N-vicinalen Kohlenstoff, und der N—H-Bindung werden ebenfalls diskutiert. Nach GOODMAN [25, 26] kann jede Bindung in Nachbarschaft zur Carbonamidbindung gespalten werden. Dagegen nimmt KAMERBEEK [24] lediglich eine Spaltung der $NH-CH_2$-Bindung an. Als Beleg führt er den Nachweis von Capronsäure an, deren Bildung er nur auf diese Weise erklären kann.

Zusammengefaßt kann man feststellen, daß die Vorstellungen über den Primärschritt bei der Thermolyse von Polyamiden sehr verwirrend und widersprüchlich sind. Das mag teilweise daran liegen, daß die Behandlungsbedingungen sehr unterschiedlich waren und bislang nur wenige der Abbauprodukte identifiziert wurden.

Der thermooxidative Abbau von Polyamiden ist bisher überwiegend im Hinblick auf die schon erwähnten Änderungen der mechanisch-technologischen Eigenschaften und des

Polymerisationsgrades untersucht worden. An chemischen Veränderungen wurden vor allem die Verringerung der Aminoendgruppenkonzentration und die Zunahme der Zahl der Carboxyendgruppen untersucht. Vor allem die Bestimmung der freien Aminoendgruppen, die unter anderem für die leichte Verfärbung der Polyamide verantwortlich gemacht werden [27], hat immer eine sehr große Rolle gespielt [2, 22, 27–31]. Nach FESTER [28, 32] stehen die Änderungen der Endgruppenkonzentrationen miteinander in festem Zusammenhang, da bei der Oxidation neu entstehende Carboxyendgruppen mit freien Aminoendgruppen unter Carbonamidbildung bis zu einem Gleichgewicht reagieren.

Bei der thermischen Behandlung von Polyamid tritt neben dem Abbau auch eine starke Vernetzung ein [123]. Hierfür werden verschiedene Reaktionen verantwortlich gemacht. Neben einer direkten C—C-Verknüpfung [24, 33] wird eine Vernetzung über Ätherbrücken [33, 20] diskutiert. KAMERBEEK [24] konnte in thermolytisch zerstörtem Nylon 1.11-Diamino-6-oxoundecan nachweisen, daß sich durch Kohlendioxid- und Wasserabspaltung aus zwei Molekülen ε-Aminocapronsäure bildet. Diese trifunktionelle Verbindung soll für die Gelierung von Nylon 6 verantwortlich sein.

Die UV-Absorption nimmt sehr stark zu, mit einem ausgeprägten Maximum im Bereich von 2200–2400 Å. Nach FORD [34] sollen freie Radikale als chromophore Gruppen wirken. GOODMAN [25, 26] nimmt an, daß kondensierte Pyrrole dafür verantwortlich sind, während KATO [35] beide Erklärungen für möglich hält.

Die einzige Arbeit, die sich eingehender mit dem Mechanismus des thermooxidativen Abbaus von Polyamid 6 beschäftigt, wurde von LEVANTOVSKAYA und Mitarbeitern [36] veröffentlicht. Da diese Autoren nur die bei der Oxidation flüchtigen Abbauprodukte untersuchten, können ihre Ergebnisse nicht sicher interpretiert werden. Die Bildung der Abbauprodukte wird auf der Basis des von SHARKEY und MOCHEL [4] vorgeschlagenen N-vicinalen Angriffs erklärt. Zusätzlich wird ein Umlagerungsmechanismus intermediär gebildeter Peroxidradikale vorgeschlagen, der von STERN [37] und SEMENOV [38] bei der Thermooxidation von Kohlenwasserstoffen sichergestellt wurde.

RAFIKOV [39] konnte peroxidische Funktionen in Polyamiden beim Erhitzen auf 80 bis 90°C nachweisen, deren Auftreten schon vorher von BOURIOT und CHAILLET [40] an Hand von IR-spektroskopischen Daten postuliert wurde. Diese Autoren stellten außerdem die Bildung von CO—NH—CO und CO—NH_2-Gruppierungen fest. Rein thermolytische Prozesse sollen nach LEVANTOVSKAYA [36] bei Temperaturen unter 250°C keine Rolle spielen.

Neben der indirekten Untersuchung des Abbaumechanismus an Hand der Sekundärprodukte hat man in den letzten Jahren versucht, den Primärschritt direkt durch Elektronenspinresonanzspektroskopie zu erfassen. Mit dieser Methode kann man sowohl die Anzahl und die Art als auch in günstigen Fällen die Position freier Radikale ermitteln. Zur Radikalerzeugung wurden UV-, Röntgen- und γ-Bestrahlung eingesetzt. Radikalbildung durch Hitzeeinwirkung ist ESR-spektroskopisch bisher noch nicht nachgewiesen worden. Als wahrscheinlichste Reaktion wird die Bildung eines N-vicinalen Radikals angenommen, wobei allerdings andere Positionen nicht ausgeschlossen werden können. Eine eindeutige Klärung des Primärschritts ist wegen der Schwierigkeit der Deutung von ESR-Spektren vor allem bei Polymeren bisher noch nicht möglich [41–51].

2.2 Problemstellung

Wie aus der oben angeführten Literaturübersicht zu ersehen ist, wurde der thermooxidative Abbau von Polyamiden noch sehr wenig untersucht. Die vorliegende Arbeit verfolgte das Ziel, durch Untersuchung der entstehenden Sekundärprodukte nachzuweisen, ob der Hitzeabbau des Nylon 6 ähnlich dem Lichtabbau an der N-vicinalen Methylengruppe einsetzt oder ob andere Positionen angegriffen werden. Ein solcher Reaktionsweg konnte bei der Thermooxidation niedermolekularer Amide nachgewiesen werden.

Ergebnisse, die aus Untersuchungen niedermolekularer Verbindungen gewonnen wurden, haben für die Vorstellung über den Abbau makromolekularer Verbindungen nur eine begrenzte Aussagekraft. Bei Polymeren spielt die Zugänglichkeit der reaktionsfähigen Gruppen eine entscheidende Rolle. Bei den relativ starren Ketten wird die Lebensdauer intermediär gebildeter Radikale wesentlich größer sein als bei niedermolekularen Verbindungen. Umlagerungsreaktionen freier Radikale werden häufiger auftreten. Daneben wird die sterische Anordnung reaktionsfähiger Gruppen zueinander den Reaktionsablauf beeinflussen. Bei gleicher Primärreaktion können daher andere Sekundärreaktionen auftreten. Die Art des Primärangriffes kann durch eine Identifizierung und quantitative Bestimmung der Sekundärprodukte bestimmt werden. Bei einer Aktivierung der N-vicinalen Methylengruppe sollte sich bevorzugt Adipinsäure als Abbauprodukt bilden, bei einem bevorzugten Angriff an der CO-vicinalen Methylengruppe eine Verbindung, in welcher der Stickstoff noch an die Alkylgruppe gebunden ist, eventuell δ-Aminovaleriansäure. Wenn sich aber die Carbonamidgruppe gar nicht auf die Reaktivität der benachbarten Methylengruppen auswirkt, so sollten bei statistischem Abbau alle Folgeprodukte in etwa gleicher Menge gebildet werden.

2.3 Ergebnisse und Diskussion

2.3.1 Identifizierung von Sekundärprodukten des Abbaus

Zur Untersuchung des thermooxidativen Abbaus von Polycaprolactam wurde eine Nylon 6-Endlosfaser verwendet, deren Durchmesser ca. 26 μ betrug. Das Material war eine Spezialfaser, die außer dem Kettenlängenregulator Essigsäure keine weiteren Zusätze enthielt. Da für den Lichtabbau gezeigt werden konnte, daß Titandioxid Nebenreaktionen beim Abbau von Amiden auslöst [12, 14, 15], wurde für diese Versuche nur unmattiertes Material verwendet. Die Fasern wurden, um Störungen durch Abbauprodukte von Spinnpräparation und niedermolekularen Anteilen (Oligomeren) auszuschalten, vor dem Erhitzen extrahiert.

Das Erhitzen erfolgte über drei Stunden bei $(200 \pm 10)\,°C$ in einem Labortrockenschrank in Gegenwart von Luftsauerstoff. Hierbei färbte sich das Material intensiv braun und besaß anschließend keine meßbare Festigkeit mehr. Bei der Erhitzung flüchtige Produkte wurden nur in einem Fall untersucht, da hierüber schon eine ausführliche Veröffentlichung vorliegt [36].

Beim Erhitzen ändert sich die Zahl der freien Endgruppen sehr stark. Die Aminoendgruppenkonzentration nimmt schon zu Anfang des Erhitzens ab, während die Zahl der Carboxyendgruppen zunimmt. Das IR-Spektrum des Materials ändert sich nur geringfügig, so daß daraus keine entscheidenden Informationen gewonnen werden können. Die Bildung von Nitrilendgruppen jedoch, die von einigen Autoren diskutiert wird, kann ausgeschlossen werden.

Nach Totalhydrolyse konnten auf Grund unterschiedlicher Wasserdampfflüchtigkeit und Verteilung zwischen Wasser und Äther sechs Fraktionen getrennt werden. Zur Identifizierung dienten chromatografische Verfahren, vor allem Dünnschicht- und die Gaschromatographie (s. Tab. 2.1).

Das gleiche Verfahren wurde auch bei nicht erhitztem Material durchgeführt. Ein solcher

Tab. 2.1 Zusammenstellung der aus thermooxidiertem Nylon 6 gewonnenen Fraktionen von Abbauprodukten

Fraktion 1	Ätherlösliche, wasserdampfflüchtige saure und neutrale Substanzen
Fraktion 2	Ätherlösliche, nicht wasserdampfflüchtige saure und neutrale Substanzen
Fraktion 3	Mit 2.4-Dinitrophenylhydrazin fällbare Substanzen
Fraktion 4	Wasserdampfflüchtige basische Substanzen
Fraktion 5	Nichtwasserdampfflüchtige basische ätherlösliche Substanzen
Fraktion 6	Aminocarbonsäuren

Vergleich war erforderlich, da schon das Ausgangsmaterial die nach dem Abbau identifizierten Substanzen enthalten konnte. Sie entstehen u. a. bei der Flüssigphasenoxidation von Cyclohexan zu Cyclohexanon [52] und können daher als Verunreinigungen in Caprolactam enthalten sein. Es zeigte sich aber, daß lediglich Spuren von Abbauprodukten in nicht erhitztem Material vorhanden waren, die wahrscheinlich durch einen Hitzeabbau des Materials bei der Herstellung oder einen Lichtabbau beim Lagern entstanden waren, vor allem größere Mengen Adipinsäure (s. Tab. 2.2).

Tab. 2.2 Quantitative Bestimmung der Substanzen in Fraktion 2 : Mengen in mMol/113 g Faser

Substanz	Behandlung unbehandelt	erhitzt 200°C 210 sec	erhitzt 200°C 3 Stunden
Oxalsäure	0,01	0,01	0,3
Malonsäure	0,01	0,01	0,25
Bernsteinsäure	0,02	0,1	1,0
Glutarsäure	0,03	0,2	2,2
Adipinsäure	0,25	0,9	7,0

Fraktion 1 enthält die homologe Reihe der unverzweigten Monocarbonsäuren bis zur *n*-Valeriansäure, welche die Hauptkomponente dieser Fraktion darstellt. Essigsäure konnte auch in nicht erhitztem Material nachgewiesen werden, da sie als Kettenlängenregulator der Polykondensation zugesetzt worden ist. Ihre Konzentration nimmt beim Erhitzen zu. Sie muß daher ebenfalls bei der Thermooxidation entstehen. Ameisensäure läßt sich ebenfalls leicht nachweisen. Propion- und Buttersäure sind nur in so geringer Konzentration vorhanden, daß sie lediglich gaschromatographisch erfaßt werden konnten. *n*-Capronsäure konnte nicht nachgewiesen werden.

In Fraktion 2 konnte die homologe Reihe der Dicarbonsäuren bis zur Adipinsäure nachgewiesen werden. Wie aus Tab. 2.2 ersichtlich ist, nehmen die Mengen der Dicarbonsäuren von der Adipinsäure bis zur Oxalsäure stufenweise ab, wobei Adipinsäure eindeutig die Hauptkomponente darstellt. Malonsäure fällt aus dieser Reihe heraus.

Chromatographische Analysenverfahren sind immer mit einem gewissen Zweifel behaftet. Daher wurde versucht, die Adipinsäure wegen ihrer Wichtigkeit in der Betrachtung des Abbaumechanismus in Substanz zu gewinnen und an Hand ihrer physikalischen Eigenschaften zu identifizieren. Durch Umkristallisieren aus Wasser und Äther konnte ein Produkt gewonnen werden, das in seinem chromatografischen Verhalten, seinem Schmelzpunkt und seinem IR-Spektrogramm mit reiner Adipinsäure übereinstimmt. Die Identität dieser beiden Stoffe kann daher als sicher angesehen werden.

In Fraktion 3 konnten neben Spuren von Formaldehyd, Propionaldehyd, Butyraldehyd,

Valeraldehyd und der beiden Oxocarbonsäuren, Glyoxylsäure und 6-Oxocapronsäure, größere Mengen an Cyclopentanon und vor allem an Acetaldehyd nachgewiesen werden. Die Menge an Acetaldehyd entspricht in der Größenordnung den Mengen an Dicarbonsäuren und überragt damit mit Ausnahme der höheren Dicarbonsäuren, der Valerian-, Ameisen- und Essigsäure, bei weitem die Substanzmenge der übrigen Abbauprodukte. Zur Identifizierung dieser Gruppe mußte ein gaschromatografisches Verfahren ausgearbeitet werden, da die bisher bekannten Analysenmethoden keine zufriedenstellenden Ergebnisse brachten.

Fraktion 4 enthält die homologe Reihe der Alkylamine. Neben dem Hauptabbauprodukt Ammoniak, dessen Menge etwa der der Adipinsäure entspricht und bei weitem die Menge der übrigen Verbindungen dieser Gruppe überwiegt, treten die Alkylamine in etwa gleicher Menge auf. Dies läßt sich sowohl aus der Intensität der Farbflecken mit Ninhydrin nach dünnschicht-chromatografischer Trennung als auch durch visuellen Vergleich der Peakflächen im Gaschromatogramm abschätzen. Die Menge beträgt etwa 0,4 mMol/113 g Faser. Die Mengen an n-Butylamin wurden quantitativ bestimmt. Sie sind der Tab. 2.3 zu entnehmen.

Fraktion 5, eine dunkelbraune ölige Substanz, besteht überwiegend aus Caprolactam, daneben enthält sie noch etwas Valerolactam. Ninhydrinpositive Substanzen waren nicht vorhanden.

Die Mengen an Aminosäuren in Fraktion 6 sind denjenigen der Amine etwa gleich. Eine mengenmäßige Abstufung wie bei den Dicarbonsäuren konnte nicht nachgewiesen werden. Allerdings ist dabei zu beachten, daß neben freien Aminosäuren auch Lactame gebildet werden. Ihr Anteil ist allerdings nicht so groß, daß sie das relative Verhältnis der einzelnen Aminosäuren zueinander wesentlich verändern. Die Gesamtmenge der gebildeten Aminosäuren lag in der Größenordnung von ca. 0,1 mMol/113 g Faser.

Die eindeutige Identifizierung der Adipinsäure als Hauptabbauprodukt zeigt, daß die N-vicinale Methylengruppe bevorzugt angegriffen wird. Der Primärschritt für den thermooxidativen Abbau von Nylon 6 ist noch nicht bekannt. Die von FESTER [16] nach DULOG [118] vorgeschlagene primäre Abspaltung von Wasserstoff durch aktivierten Sauerstoff gilt heute als sehr wahrscheinlich. Die Bildung eines N-vicinalen Kohlenstoffradikals muß als sicher angenommen werden. Dieses Radikal reagiert über ein Hydroperoxidradikal zu einem Hydroperoxid. Auch andere Reaktionen des Hydroperoxidradikals werden diskutiert [36–38]. Aus dem Hydroperoxid bildet sich das Hauptabbauprodukt Adipinsäure, wobei sowohl radikalische als auch ionische Zwischenstufen eine Rolle spielen können. Die abgestuften Mengen der niederen Mono- und Dicarbonsäuren lassen sich durch Weiteroxidation einer Zwischenstufe der Adipinsäure oder durch Umlagerung intermediär gebildeter Sauerstoffradikale deuten. Eine ausführliche Diskussion befindet sich in [53].

Für die Bildung von Oxoverbindungen kann bisher noch kein eindeutiger Mechanismus aufgestellt werden. Lediglich die Aldehydcarbonsäuren lassen sich als Vorstufen zu Dicarbonsäuren aus dem Reaktionsschema von SHARKEY und MOCHEL [4] erklären. Cyclopentanon wird durch Cyclisierung aus Adipinsäure entstehen. Die große Menge an Acetaldehyd entsteht wahrscheinlich nach einem direkten Sauerstoffangriff in einer Art Crackprozeß. Eine weitergehende Diskussion des Bildungsmechanismus ist nicht möglich.

Alle bisher angeführten Reaktionsprodukte des thermooxydativen Abbaus lassen sich durch einen primären Angriff des Sauerstoffs an der N-vicinalen Methylengruppe herleiten. Die von uns bei der Thermooxydation gefundenen Alkylamine können nicht mehr durch einen N-vicinalen Angriff erklärt werden, da in diesem Fall die NH—CH$_2$-Bindung gespalten wird. Neben diesem Primärschritt muß also noch ein weiterer eintreten. Es ist bekannt, daß auch die CO-vicinale Methylengruppe aktiviert ist, allerdings in geringerem Maße. Auch ESR-spektroskopisch läßt sich die Existenz eines CO-vicinalen Methylenradikals neben dem N-vicinalen nicht ausschließen. Von hier aus kann ein Abbau ähnlich dem an der N-vicinalen Methylengruppe erfolgen, der dann zur Bildung von Aminocarbonsäuren und Aminen führt.

Angesichts der nahezu gleichen Mengen an Aminen und Aminocarbonsäuren scheint jedoch eine besondere Aktivierung weiterer Methylengruppen neben der N-vicinalen Methylengruppe fraglich. Die häufig diskutierte erhöhte Reaktivität der CO-vicinalen Methylengruppe konnte nicht nachgewiesen werden, da sonst eine Abstufung in der Menge der stickstoffhaltigen Abbauprodukte ähnlich wie bei den Dicarbonsäuren auftreten sollte. Ein retardierender Einfluß wie bei der radikalischen Chlorierung von Carbonsäuren kann auch nicht festgestellt werden [119]. Daher ist anzunehmen, daß bei der Thermooxidation von Polycaprolactam wie bei der Autoxidation von Capronsäuremethylester [120] ein statistischer Angriff auf alle CH_2-Gruppen mit Ausnahme der bevorzugt angegriffenen N-vicinalen Position erfolgt. Die Carbonylgruppe übt somit keinen aktivierenden Einfluß aus.

2.3.2 Konformationsabhängigkeit der Reaktivität N-vicinaler Methylengruppen

Die erhöhte Reaktivität der N-vicinalen Methylengruppe wird häufig durch Mesomeriestabilisierung des intermediär gebildeten Radikals erklärt. Eine solche Erklärung beinhaltet ohne ausreichendes Versuchsmaterial und ohne quantenmechanische Durchrechnung der Mesomeriestabilisierung immer eine gewisse Willkür. Hinzu kommt, daß diese Radikalstabilisierung nur etwas über die Stabilität eines Reaktionsproduktes, aber nichts über die aktivierte Zwischenstufe aussagt, die zu diesem Reaktionsprodukt führt. Wir haben daher versucht, die erhöhte Reaktivität der N-vicinalen Methylengruppe aus experimentellen Daten abzuleiten.

Durch spektroskopische Messungen konnten HEIDEMANN und ZAHN [60] eine intramolekulare Wechselwirkung zwischen dem π-Elektronensystem der Carbonamidgruppe und den C—H-Bindungen der N-vicinalen Methylengruppe ableiten. Auf Grund der Elektronendichteverteilung der Carbonamidgruppe (s. Abb. 2.1) mit je einem Maximum an Stickstoff und Sauerstoff sowie einem Minimum an Kohlenstoff, sollte diese Wechselwirkung bei der CO-vicinalen Methylengruppe nur eine untergeordnete Rolle spielen.

Die Intensität dieser Wechselwirkung ist von der Rotationsstellung der N-vicinalen Methylengruppe zur Carbonamidebene abhängig (Abb. 2.2). Nur dann, wenn diese Methylengruppe trans-Konformation einnimmt, besteht ein optimaler Einfluß des π-Elektronensystems. Durch Verdrehung aus dieser Stellung heraus wird die Wechselwirkung geringer. Bei einer gauche-Anordnung ist sie sehr gering, da dann eine der beiden C—H-Bindungen in der Carbonamidgruppenebene, d. h. senkrecht zur Ebene des π-Elektronensystems liegt.

Die Überlappung des π-Elektronensystems mit den C—H-Bindungen sollte die Abspaltung von Wasserstoffatomen, d. h. die Bildung N-vicinaler Radikale, erleichtern. Bereits vor der endgültigen Abspaltung des Wasserstoffatoms kann das π-Elektronensystem das Elektronendefizit des sich bildenden Radikals decken. Daraus resultiert eine Stabilisierung der aktivierten Zwischenstufe und eine Herabsetzung der Aktivierungsenergie. Diese Stabilisierung der aktivierten Zwischenstufe ist nur bei maximaler Überlappung der Orbitale, d. h. bei trans-Konformation der N-vicinalen Methylengruppe, optimal. Sollte die oben angeführte Überlegung richtig sein, so müßten Verbindungen mit trans-ständigen N-vicinalen Methylengruppen wesentlich leichter oxidativ abgebaut werden als entsprechende mit gauche-Anordnung.

Zur Prüfung dieser Hypothese wurde neben Polycaprolactam das Cyclo-bis-(ε-aminocaproyl) thermooxidativ abgebaut. Nach Hydrolyse unter Stickstoff konnten nach früher beschriebenen Methoden [54, 58] homologe Reihen von Mono- und Dicarbonsäuren, Alkylaminen und Aminocarbonsäuren mit Adipinsäure als Hauptkomponente als Abbauprodukte beider Verbindungen nachgewiesen werden.

Das cyclische Dimere des Caprolactams besitzt trans-Amidverbindungen wie das Polymere (s. Abb. 2.3), aber gauche-Konformation der α-Methylengruppen [61, 62]. Es ist konformativ mindestens bis zum Schmelzpunkt stabil [63]. Bei Polycaprolactam ist unter den Behandlungsbedingungen (200°C) die Rotation der α-Methylengruppen nicht mehr eingefroren, so daß eine statistische Verteilung von gauche- und trans-Konformation vorliegt.

Polycaprolactam ist im Gegensatz zum kristallinen Cyclobis-(ε-aminocaproyl) (c [Cap]$_2$) nur teilkristallin, so daß die Sauerstoffdiffusionsgeschwindigkeit sehr unterschiedlich ist. Außerdem hängt die Reaktionsgeschwindigkeit heterogener Systeme sehr stark von der Oberflächengröße ab. Eine Behandlung bei gleicher Zeit und unter sonst gleichen Bedingungen bedeutet daher nicht gleichen Oxidationsgrad, da durch unterschiedliche Oberfläche und/oder unterschiedlichen Diffusionskoeffizienten die Sauerstoffaufnahme sehr verschieden sein kann, ohne daß Unterschiede in der Reaktivität der einzelnen Komponenten zu bestehen brauchen. Aus diesem Grund wurde als Maß für die Reaktivität der N-vicinalen Methylengruppe nicht nur die Adipinsäure bestimmt, sondern das Verhältnis zweier Abbauprodukte gewählt. Eines dieser Abbauprodukte, Adipinsäure, ist Folgeprodukt des N-vicinalen Abbaus. Seine Menge sagt etwas über die Reaktivität dieser Gruppe aus. Die zweite Verbindung, n-Butylamin, das nach der Oxidation als Amid an das Polymere gebunden ist, kann auf keinen Fall durch einen Angriff des Sauerstoffs an der N-vicinalen Methylengruppe entstehen, da bei einem N-vicinalen Abbau spätestens bei der Hydrolyse die Alkyl-Stickstoff-Bindung gespalten wird. N-Butylamin kann jedoch auch in Abwesenheit von Sauerstoff durch Thermolyse entstehen. Eine solche thermolytische Aufspaltung der Kohlenstoffkette wird aber erst bei Temperaturen über 300°C beobachtet [24]. Bei 200 bis 220°C ist diese Verbindung ein Folgeprodukt des oxidativen Abbaus.

Adipinsäure und Butylamin wurden gaschromatographisch quantitativ bestimmt. Das Ergebnis ist in Tab. 2.3 dargestellt. Reihe 3 gibt das Verhältnis von Adipinsäure und n-Butylamin an. Dieses ist beim Hitzeabbau des Polycaprolactams fast um den Faktor 40 größer als beim cyclischen Dimeren.

Tab. 2.3 Verhältnis der Abbauprodukte Adipinsäure und n-Butylamin bei thermooxidiertem Nylon 6 und c[Cap]$_2$ und bei photooxidiertem Nylon 6

		Thermooxidation		Photooxidation
		Nylon 6	c [Cap]$_2$	Nylon 6
Adipinsäure	Mol/g c_1	120	23	144
n-Butylamin	Mol/g c_2	0,8	6	16
c_1/c_2		150	4	9

Diese Ergebnisse zeigen, daß eine in trans-Konformation zur Carbonamidgruppe stehende N-vicinale Methylengruppe wesentlich reaktiver ist als eine in gauche-Konformation.

Aus der Art der Abbauprodukte läßt sich ersehen [53], daß die Sekundärreaktionen bei der Photooxidation und Thermooxidation prinzipiell gleich sind. Lediglich der Primärschritt ist ein anderer. Auch bei der Photooxidation ist die Bildung eines N-vicinalen

Radikals als wichtige Zwischenstufe anzunehmen. Die gleichen Faktoren wie bei der Thermooxidation sollten dann auch hier für die Reaktivität der einzelnen Gruppen eine Rolle spielen. Unter den Photooxidationsbedingungen (Hg-Hochdrucklampe bei 35°C) sind die Rotationen um die N—CH_2-Bindungen eingefroren. Der oxidative Abbau findet in den ungeordneten Bereichen des Polymeren bzw. an der Oberfläche der Kristallite statt, da nur diese für den Sauerstoff zugänglich sind. In den ungeordneten Bereichen liegen die N-vicinalen Methylengruppen überwiegend in gauche-Konformation vor. Daher ist zu erwarten, daß das Mengenverhältnis der Abbauprodukte bei der Photooxidation mit dem bei der Thermooxidation des cyclischen Dimeren weitgehend übereinstimmt.

Wie aus Tab. 2.3 ersichtlich ist, entspricht das Ergebnis den Erwartungen. Das Verhältnis der Abbauprodukte für photooxidiertes Polycaprolactam ist von gleicher Größenordnung, aber außerhalb des Meßfehlers größer als beim thermooxidierten cyclischen Dimeren. Ähnliche Daten hatte auch schon BOASSON [14] beim visuellen Abschätzen der Fleckenintensität nach papierchromatographischer Trennung von Photooxidationsprodukten des Polycaprolactams erhalten. Dies bedeutet eine weitere Bestätigung der Konformationsabhängigkeit der Reaktivität N-vicinaler Methylengruppen. Daß das Mengenverhältnis bei der Photooxidation des Polycaprolactams etwas größer gefunden wird, hängt damit zusammen, daß im Gegensatz zum Cyclobis-(ε-aminocaproyl) in den »amorphen« Bereichen des Polymeren auch ein geringer Anteil von N-vicinalen Methylengruppen in trans-Konformation vorliegt, die, wie oben gezeigt, wesentlich leichter oxidiert werden. Eine Untersuchung der Photooxidation nicht verstreckter Fasern zeigte, daß diese etwas leichter angegriffen werden. Das Verhältnis der Abbauprodukte bleibt aber innerhalb der Fehlergrenze gleich.

Damit konnte zum ersten Mal experimentell nachgewiesen werden, welch große Bedeutung der Kettenkonformation für die Oxidationsbeständigkeit von Polymeren zukommt. Gleichzeitig ist diese Arbeit eine chemische Bestätigung für die von HEIDEMANN und ZAHN [60] aus spektroskopischen Daten abgeleitete Wechselwirkung zwischen dem π-Elektronensystem der Carbonamidgruppe und der N-vicinalen Methylengruppe.

2.3.3 Schlußfolgerung der Diskussion des thermooxidativen Abbaus von Nylon 6

Zusammenfassend kann festgestellt werden, daß bei der Thermooxidation von Nylon 6 die N-vicinale Methylengruppe die reaktivste Position ist. Aus theoretischen Überlegungen über die Mesomeriestabilisierung des intermediären Radikals und über den Einfluß des induktiven Effektes der Carbonamidgruppe konnte ein bevorzugter Angriff an dieser Gruppe erwartet werden. Gleichzeitig konnte gezeigt werden, daß die Konformation dieser Gruppe, bezogen auf die Carbonamidgruppe, von entscheidendem Einfluß auf ihre Reaktivität ist. Nur bei trans-Konformation ist die Wechselwirkung zwischen dem π-Elektronensystem der Carbonamidgruppe und den Protonen der N-vicinalen Methylengruppe optimal, was zu einer Erhöhung der Reaktivität dieser Gruppe führt.

Der von SHARKEY und MOCHEL [4] vorgeschlagene Mechanismus wurde experimentell bestätigt. Zusätzlich findet ein weiterer Abbau der Reaktionsprodukte statt, wobei u. a. Umlagerungsreaktionen freier Radikale auftreten. Neben dem N-vicinalen Angriff muß aber auch noch ein Angriff an anderen Positionen stattfinden, so sonst die Gesamtheit der Abbauprodukte nicht erklärt werden kann. Der Mechanismus dieses Abbaus ist nicht bekannt. Eine häufig diskutierte Bevorzugung der CO-vicinalen Methylengruppe wurde nicht gefunden. Die Ergebnisse deuten eher auf einen statistischen Angriff auf die einzelnen Methylengruppen mit Ausnahme der N-vicinalen hin [53–59].

3. Stabilisierung von Nylon 6

3.1 Literaturübersicht

Wesentlich später als mit dem Abbau von Nylon 6 begann man sich mit der Untersuchung über die Stabilisierung des Materials gegen thermooxidative Schäden zu beschäftigen, wenn man einmal von der recht zahlreichen Patentliteratur absieht, bei der eine Vielzahl von Substanzen ohne eine systematische Untersuchung der Gründe auf ihre Wirksamkeit als Inhibitor hin geprüft wurde. Die Arten der angewandten Zusätze variieren von anorganischen Salzen bis zu komplizierten organischen Systemen. In Tab. 3.1 sind einige Verbindungsklassen aufgeführt, die heute wegen ihrer stabilisierenden Wirkung eingesetzt werden. Eine ausführliche Zusammenstellung befindet sich in den Monographien von NEIMAN [64] und VOIGT [65].

Daneben sind auch Arbeiten bekanntgeworden, bei denen versucht wird, die Stabilität der Polyamidfasern durch eine chemische Modifizierung des Materials zu vergrößern. So wurde zum Beispiel verstrecktes Nylon 6 durch Behandeln mit Formaldehyd partiell vernetzt. Hierbei soll der oxidative Angriff bevorzugt an den interchinaren Brücken stattfinden, so daß die Polymerkette zunächst erhalten bleibt [66]. Wahrscheinlich wurde aus ähnlichem Grund von der Firma DuPont de Nemours [67] ein Polyamid aus einer tetradeuterierten Diaminkomponente und einer Dicarbonsäure patentiert. Wenn beim thermooxidativen Abbau die N-vicinale Methylengruppe primär angegriffen wird, so muß durch eine Deuterierung in dieser Position eine stabileres Material erhalten werden, da die Bindungsenergie der C—D-Bindung größer ist als die der C—H-Bindung. Technische Bedeutung haben bisher aber nur die durch Zusätze stabilisierten Fasern erhalten.

Tab. 3.1 Stabilisatoren gegen die Thermooxidation von Nylon 6

Stabilisatorklasse	Beispiele
1. Anorganische Verbindungen	Kupfer und Kupferverbindungen, Alkalibromide und -iodide, Phosphor- und phosphorige Säure, ihre Ester und Salze
2. Organische Verbindungen	Aromatische Amine, Phenole und Polyphenole, Aliphaten mit mehreren Hydroxygruppen (Hydroxysäuren, Glycole), freie stabile Radikale

An anorganischen Verbindungen werden in der Hauptsache Kupfersalze eingesetzt, deren Wirkung durch verschiedene Zusätze gesteigert werden kann, z. B. Alkalihalogenide, phosphor- und stickstoffhaltige Verbindungen. Daneben werden auch Mangan-Verbindungen zugesetzt, hauptsächlich jedoch gegen Lichtschädigungen mattierter Fasern. Der Mechanismus der Schutzwirkung durch diese anorganischen Verbindungen ist noch nicht bekannt. Wahrscheinlich spielen Elektronenübergänge zwischen freien Radikalen und den Kupfer- bzw. Manganionen eine Rolle.

Bei den organischen Stabilisatoren handelt es sich im wesentlichen um zwei Klassen von Verbindungen, die als gute Antioxidantien bekannt sind. Neben aromatischen Aminen werden z. T. Phenole und Polyphenole verwendet, daneben aber auch in geringerem Maße Phosphorigsäureester und borhaltige Verbindungen. In letzter Zeit wurden von russischen Autoren [68, 69] einige stabile organische Radikale auf ihre Wirksamkeit hin untersucht. Sie zeigten sich in vielen Fällen den bisher eingesetzten Verbindungsklassen überlegen, spielen aber wegen ihrer schweren Zugänglichkeit heute noch keine Rolle. Während bei nicht-radikalischen Stabilisatoren die Induktionsperiode bereits vor dem vollständigen Verbrauch des Stabilisators beendet ist, verzögern die letzteren die Autoxidation von Polyamiden bis zu ihrem vollständigen Verbrauch.

TOKAREVA [70] konnte nachweisen, daß aminische Stabilisatoren bei Polyamiden sowohl den phenolischen Inhibitoren als auch organischen Phosphiten sehr stark überlegen sind. Da diese Arbeiten jedoch, wie die meisten übrigen auch, keine genauen Konzentrationsangaben enthalten, ist ein exakter Vergleich der erzielten stabilisierenden Wirkung nicht möglich. N,N'-Di-2-naphtyl-p-phenylendiamin scheint der optimale Stabilisator zu sein [71]. Dieses Ergebnis wurde auch von LEVANTOVSKAYA [72] und von EPSTEIN [73] bei seinen Arbeiten über die Stabilisierung von Mischpolymerisaten bestätigt. Die stabilisierende Wirkung der einzelnen Zusätze variiert sehr stark mit der Zusammensetzung des Polyamids [73]. Auch Diphenylamin wird als guter Schutz gegen Hitzealterung von Nylon angegeben [74]. Über die Schutzwirkung durch Dispersionsfarbstoffe wird ebenfalls berichtet [75–77]. Eine gute stabilisierende Wirkung soll durch den Zusatz von Chinhydron zu erzielen sein [78].

Wegen ihrer im Vergleich zu Aminen geringeren Toxizität, des besseren Haftvermögens und der kaum feststellbaren Verfärbung, wurde auch die Schutzwirkung von phenolischen Zusätzen untersucht [79]. Substituierte Phenole mit p-Benzoylamin-Substituenten zeigten einen guten Schutzeffekt, dagegen war kein Effekt meßbar, wenn sich die Benzoylaminogruppe in ortho-Stellung befand. Der Ersatz der Benzoylgruppe durch eine Acetylgruppe setzte die stabilisierende Wirkung herab. Die Autoren begründen dies damit. daß im zweiten Fall das Radikalelektron weniger delokalisiert ist. Damit liegt ein reaktiveres Radikal vor, das seinerseits als Kettenauslöser in den Oxidationsprozeß eingreift.

Der Stabilisierungsprozeß bei Polyamiden ist bisher noch nicht bekannt, vor allem fehlen exakte quantitative Angaben über die Abhängigkeit zwischen Konzentration und Schutzwirkung. Für die Reaktionsweise von Stabilisatoren stehen heute verschiedene Vorschläge zur Diskussion, die fast ausschließlich bei der Untersuchung der inhibierten Autoxidation von niedermolekularen Kohlenwasserstoffen gewonnen wurden. Nach BÄCKSTRÖM [79] greift der Stabilisator in Form einer Alternativreaktion in den Reaktionsablauf der Oxidation ein, bevor durch Kettenverzweigung der oxidative Abbau mit merklicher Geschwindigkeit abläuft. Der kettenabbrechende Schritt soll ein Übergang eines Wasserstoffatoms vom Stabilisator auf ein Hydroperoxidradikal oder ein Alkylradikal sein [80].

$$RO_2\cdot + InH \rightarrow ROOH + In\cdot$$

$$R\cdot + InH \rightarrow RH + In\cdot$$

Das entstehende Stabilisatorradikal muß entweder genügend stabil sein, um seinerseits nicht unter Umkehrung von Reaktion 1 oder 2 in die Abbaureaktion einzugreifen, oder sehr rasch zu inerten Produkten weiterreagieren, eventuell unter Dimerisierung, Absättigung eines weiteren Radikals oder Disproportionierung. Die kinetische Betrachtung der Stabilisierung und die Abhängigkeit zwischen Stabilisatormenge und Induktionszeit, die Erscheinung einer optimalen Konzentration und des Synergismus deuten darauf hin, daß der tatsächliche Ablauf komplizierter ist. In einigen Fällen liegen zwar einfache Beziehungen zwischen der Menge des Stabilisators und der Induktionszeit vor, z. B. [81], aber das ist nicht der Normfall.

Eine Erklärung für die übliche Abweichung vom kinetisch einfachen Ablauf wird von
NEIMAN [82] gegeben, der feststellte, daß das Stabilisatorradikal auch als Kettenstarter in die Reaktion eingreifen kann, was der Umkehrung der Reaktionen 1 und 2 entspricht. Die chemische Natur der Reaktionsschritte 1 und 2 wird im allgemeinen als eine einfache Wasserstoffübertragung angesehen. Diese Betrachtung wird durch Messung des Wasserstoffisotopeneffektes erhärtet [83], der bei der Autoxidation von Kautschuk festgestellt werden konnte.

Beim Cumol wurde dagegen kein Wasserstoffisotopeneffekt gemessen [84]. HAMMOND [84] nimmt daher an, daß eine Wasserstoffübertragung nicht der geschwindigkeitsbestimmende Schritt ist. Dies wird noch dadurch belegt, daß Substanzen, die normalerweise leicht Wasserstoff übertragen, wie Hydrazobenzol, keine stabilisierende Wirkung zeigen, dagegen aber manche tertiäre aromatische Amine, wie N,N,N',N'-Tetramethyl-p-phenylendiamin, bei dem keine Wasserstoffübertragung vom Stickstoff stattfinden kann. Verschiedene Autoren zeigten, daß auch Wasserstoffübertragungen von den Methylgruppen möglich sind [85, 86]. Als weiteren Hinweis für seine Vorstellungen gibt HAMMOND die starke Abhängigkeit der inhibierenden Wirkung von Substituenten am aromatischen Ring, die seiner Ansicht nach eher auf eine Elektronenübertragung hindeutet. Der Autor nimmt die Bildung eines lockeren Komplexes zwischen Hydroperoxidradikal und dem Inhibitor an, der dann mit einem weiteren Peroxidradikal unter Wasserstoffabgabe reagiert.

ANGERT [87] sieht dagegen gerade in der Abhängigkeit der stabilisierenden Wirkung von der Elektronendichte einen Hinweis auf eine Wasserstoffübertragung im geschwindigkeitsbestimmenden Schritt. Bei Untersuchungen an Kautschuk stabilisierten N-methylierte Diarylamine wesentlich weniger als die nicht am Stickstoff substituierten Grundsubstanzen. Eine Methylierung in ortho-Stellung am Kern verringerte die inhibierende Wirkung wesentlich geringer. Als Zwischenstufe wird ein Stickstoffradikal diskutiert, das noch besser stabilisiert als das Ausgangsamin, was an Hand des Diphenylaminradikals gezeigt werden konnte. Dieses wird durch ein Polymerradikal abgesättigt, was durch den Nachweis von an das Polymere gebundenem Stickstoff bewiesen wird. Als Akzeptor für die Wasserstoffatome muß ein Sauerstoffradikal eintreten, da die Autoren während der Induktionszeit eine Zunahme von Oxofunktionen feststellen konnten.

Daneben müssen aber auch noch andere Abbruchreaktionen stattfinden, da im Falle der Absättigung eines Hydroperoxidradikals ein sehr reaktionsfähiges Peroxid entsteht, das seinerseits unter homolytischem Zerfall Ketten auslösen kann. Diese Reaktion wird allgemein als wichtigste Verzweigungsreaktion angenommen. Von einigen Autoren wird daher die Zerstörung solcher Hydroperoxidfunktionen als einer der Reaktionsschritte der Schutzstoffe angesehen. Für schwefelhaltige Stabilisatoren konnte dieser Schritt nachgewiesen werden [88, 89]. Auch Diphenylamin ist in der Lage, Peroxide zu zerstören [90], so daß dieser Reaktionsschritt bei der Diskussion des Stabilisierungsmechanismus zu berücksichtigen ist.

Ergebnisse, die ausschließlich an Kohlenwasserstoffen erhalten wurden, können nicht ohne weiteres zu Erklärung des Stabilisierungsmechanismus bei anderen Substanzklassen verwendet werden. Dies zeigt sich deutlich, wenn man einmal die relative Wirksamkeit von Stabilisatoren bei verschiedenen oxidierbaren Substanzen vergleicht. Es stellt sich dann heraus, daß die Effektivität der Stabilisatoren sehr stark vom Substrat abhängt. Während Phenole, vor allem Polyphenole, bei fast allen organischen Verbindungen als gute Antioxidantien bekannt sind, stellen sie für Polyamide bis auf wenige Ausnahmen, wie z. B. Gallussäureoctylester [91], nur sehr schwache Stabilisatoren dar. Bei den meisten Stabilisatoren variiert die Wirksamkeit bei gleicher Polymerklasse noch mit der Polymerzusammensetzung. EPSTEIN [73] konnte nachweisen, daß Mischpolyamide unterschiedlicher Zusammensetzung durch ein und denselben Inhibitor unterschiedlich gut geschützt werden. Ebenso ist die kritische Konzentration sehr stark von der Art des Polymeren abhängig [92].

Diese Tatsachen scheinen einer Inhibierungsreaktion durch Absättigung eines Polymer-Peroxidradikals durch den Stabilisator zu widersprechen, da die Reaktionsfähigkeit von Peroxidradikalen nahezu unabhängig von den Substituenten dieses Radikals und damit unabhängig von der Art des Polymeren sein soll [93]. In einigen Arbeiten wurde gezeigt, daß die Reaktionsgeschwindigkeit solcher Radikale sehr stark von der Dielektrizitätskonstante des Reaktionsmediums und damit von der Art des Substrats abhängt, da beim geschwindigkeitsbestimmenden Schritt partielle Ladungstrennung eintreten soll [94, 95]. Sekundärreaktionen, wie z. B. der Kettenstart durch ein Inhibitorradikal, können die Wirksamkeit eines Stabilisators herabsetzen. Bei dieser Reaktion ist entscheidend, wie leicht ein Wasserstoffatom von einem Polymermolekül abstrahiert werden kann.

Die Frage, bei welcher reaktiven Zwischenstufe der Thermooxidation das Inhibitormolekül in den Prozeß eingreift und welche Radikalposition dabei abgesättigt wird, ist bisher kaum untersucht worden. Ebenso ist noch nicht bekannt, in welcher Weise der Reaktionsablauf durch den Stabilisierungsprozeß geändert wird. Während bei der nicht inhibierten Thermooxidation der Zerfall von intermediären Hydroperoxiden in zwei sehr reaktionsfähige Radikale als Kettenübertragungsreaktion von Bedeutung ist, treten bei der inhibierten Autoxidation direkter Sauerstoffangriff und Angriff durch ein Inhibitorradikal stark in den Vordergrund. Sauerstoff und Inhibitorradikal, als stabile Radikale, werden nur an besonders labilen Wasserstoffbindungen angreifen. Dies kann zu völlig anderen Reaktionsprodukten führen.

3.2 Problemstellung

Systematische Untersuchungen über den Stabilisierungsmechanismus von Nylon 6 liegen bisher noch nicht vor.

Ergebnisse, die bei anderen Verbindungsklassen erzielt worden sind, können nicht auf Polyamide übertragen werden, da die Inhibitorwirkung substrat-spezifisch ist. Eine derartige Untersuchung ist jedoch notwendig, da ohne Kenntnis dieses Mechanismus eine gezielte Synthese geeigneter Stabilisatoren nicht möglich sein wird.

Zur Klärung des Wirkungsmechanismus organischer Stabilisatoren muß die Abhängigkeit des Schutzeffektes von der chemischen Struktur untersucht werden. Hierzu sollte zunächst einmal geklärt werden, wie sich die Änderung der Elektronendichte am Reaktionsort auf die Wirksamkeit von Inhibitoren auswirkt. Diphenylamin ist als Stabilisator für Nylon 6 aus der Literatur bekannt. Durch Substitution am Kern kann die Elektronendichte sowohl an den Kernen als auch am Stickstoff leicht verändert werden. Ein Ersatz des Wasserstoffs am Stickstoff durch Acyl- oder Alkylgruppen kann dazu beitragen, die Frage zu klären, ob eine Wasserstoffübertragung vom Stickstoff für die Schutzwirkung erforderlich ist.

Versuche waren sowohl an Nylon 6-Fasern als auch an Modellverbindungen vorgesehen, wie z. B. Propionsäurepropylamid.

Beim Polyamid sollte der Schutzeffekt an Hand der Änderung der mechanisch-technologischen Daten vor und nach dem Erhitzen und durch Messung die Induktionszeit bestimmt werden. Bei Modellsystemen läßt sich das erste Auftreten eines Abbauproduktes chromatographisch zur Bestimmung der Induktionszeit heranziehen.

3.3 Ergebnisse und Diskussion

3.3.1 Versuche an Fasern

Die Schutzwirkung unterschiedlich substituierter Diphenylaminderivate gegen Thermooxidation von Nylon 6 in Abhängigkeit von der Art der Substituenten wurde untersucht.
Erste Stabilisierungsversuche wurden an Nylon 6 durchgeführt. Da keine Möglichkeit bestand, die Inhibitoren vor dem Schmelzspinnen zuzusetzen, wurden die Substanzen nach Art einer Färbung aus einem Lösungsmittel aufgebracht. Als Lösungsmittel für die meisten Stabilisatoren erwies sich n-Hexan als besonders geeignet, einmal da der Verteilungskoeffizient der Stabilisatoren zwischen Lösungsmittel und Faser bei Hexan besonders günstig war, zum anderen, weil dieses Lösungsmittel sich sehr leicht aus der Faser wieder entfernen läßt. Die Menge des aufgebrachten Stabilisators wurde anschließend photometrisch bestimmt. Dabei zeigte sich, daß ein reproduzierbares Aufbringen auf die Faser nicht möglich war.
Eine genaue Bestimmung des Stabilisators auf der Faser wurde ausgearbeitet. Quantitatives Abziehen war nicht gut reproduzierbar. Bei gefärbten Stabilisatoren erfolgte die Bestimmung nach Auflösen in Trifluoräthanol. Einige der nicht gefärbten Stabilisatoren wurden in saurer Lösung durch eine Farbreaktion nach THIEL [96] quantitativ nachgewiesen.
Der thermooxidative Abbau der so behandelten Faser wurde anschließend in einem Labortrockner der Firma Benz durchgeführt. Zunächst wurden die Fasern einzeln durch die Heizzone gezogen, später auf einen Rahmen gespannt durch die Heizzone geschickt. Die Erhitzungszeit betrug 120 sec bei 200°C. Das zweite Verfahren hat den Vorteil, daß die Fadenspannung, die entscheidend für die Festigkeit nach dem Erhitzen ist, wesentlich besser kontrolliert werden kann. Der Vergleich der stabilisierenden Wirkung erfolgte durch Messung der Kraftdehnungslinien bzw. der Reißkraft; Meßgerät der Fa. Zwick, Einsingen. Die Meßwerte streuten sehr stark, sowohl bei verschiedenen Versuchen mit gleicher Stabilisatorkonzentration als auch innerhalb einer einzigen Meßreihe. Dies liegt wahrscheinlich daran, daß während des Erhitzens im Benz-Trockner durch die umgewälzte Luft einmal die Fadenspannung von Versuch zu Versuch und auch innerhalb des Rahmens unterschiedlich ist, zum anderen daran, daß ein Teil des Stabilisators sublimiert und von der schnell umgewälzten Luft fortgetragen wird.
Auf Grund dieser Überlegungen wurden weitere Erhitzungsversuche in einem speziell für Untersuchungen von Fixiervorgängen hergestellten Erhitzungsrohr mit stehender Luftsäule durchgeführt. Durchzugsgeschwindigkeit, Fadenspannung und Erhitzungstemperatur ließen sich sehr genau und reproduzierbar einstellen. Aber auch hier konnten keine zufriedenstellenden Ergebnisse erzielt werden. Die Unterschiede von stabilisiertem und nicht stabilisiertem Material lagen innerhalb der Meßfehlergrenze der Reißkraftbestimmung.
Weiterhin wurden Langzeiterhitzungen bei niedriger Temperatur vorgenommen. Das Material wurde während sechzehn Stunden in einem Labortrockenschrank hängend bei einer Temperatur von 140°C der Luft ausgesetzt. Unterschiede von stabilisiertem und nicht stabilisiertem Material waren festzustellen (siehe Tab. 3.2). Eine N-Acylierung des Diphenylamins setzte seine Wirksamkeit praktisch auf Null herab, während das unsubstituierte Diphenylamin eine gut meßbare Schutzwirkung zeigte. Aber auch bei diesen Behandlungsmethoden brachten Mehrfachversuche im allgemeinen nur in der Tendenz gleiche Ergebnisse, die ermittelten Daten waren für einen Vergleich der einzelnen Stabilisatoren nicht genügend reproduzierbar.

*Tab. 3.2 Stabilisierung von Nylon 6 bei Langzeiterhitzungen
(16 Stunden bei 140°C)*

Stabilisator	Reißkraft p/45 den	Reißdehnung %
ohne	118	23
Diphenylamin	200	48
2-Nitro-DPA	129	24
N-Nitroso-DPA	98	26
N-Formyl-DPA	129	26
N-Lauroyl-DPA	130	28
N-Acetyl-DPA	119	25
N-Benzoyl-DPA	119	25
nicht erhitzt	223	55

Behandlung erfolgte jeweils in einer Flotte von 5 g Stabilisator pro Liter.

3.3.2 Versuche an Filmen

Da als mögliche Ursache für die schlechte Reproduzierbarkeit die unterschiedliche Verteilung über dem Querschnitt verantwortlich sein konnte, wurden weitere Versuche an Filmen durchgeführt. Diese wurden aus Lösungen von Nylon 6 in Trifluoräthanol unter Zusatz einer definierten Menge der Stabilisatoren (Filmdicke 60 µ) erhalten. Die Wirksamkeit der Schutzstoffe wurde durch Messung von Reißkraft und Biegefestigkeit bestimmt. Da während des Erhitzens jedoch Fixiervorgänge eintraten, konnten mit diesem Verfahren ebenfalls keine brauchbaren Ergebnisse erzielt werden.

Da es sich bei all diesen Versuchen zeigte, daß die Bestimmung der Kraft–Längen-Änderungskurven, vor allem bei schon stark geschädigtem Material, nicht empfindlich genug ist, kleine Unterschiede im Schädigungsgrad zu erfassen, haben wir versucht, eine empfindlichere Meßmethode zur Bestimmung der stabilisierenden Wirkung einer Substanz zu erhalten. Unter anderem stehen folgende Möglichkeiten zur Verfügung, z. B. die Messung der Sauerstoffabsorption und eine direkte Bestimmung der Induktionsperiode. Das zweite Verfahren wurde zunächst eingesetzt.

Es wurden zwei Meßmethoden zur Bestimmung der Induktionszeit erprobt. Bei den ersten Versuchen an Polymerfilmen wurde als Meßgröße die gleich nach Beendigung der Induktionszeit auftretende starke exotherme Wärmetönung gewählt, die den beginnenden Abbau des Polymeren anzeigt. Die Wärmetönung läßt sich mit Hilfe der Differentialkalorimetrie messen. Schwierigkeiten bereitet der schlechte Kontakt zwischen Film und Meßgefäß. Dies wurde dadurch behoben, daß die Filme zunächst einmal unter Stickstoff aufgeschmolzen wurden, wodurch ein guter Kontakt gewährleistet ist. Versuche mit verschieden substituierten Diphenylaminderivaten zeigten keine Abhängigkeit der Induktionszeit von der Art des Zusatzes, wahrscheinlich weil das verwendete technische Nylon 6 bereits Peroxide enthielt.

3.3.3 Versuche an Modellsubstanzen

Weitere Versuche wurden daher zunächst einmal an einem Modellsystem durchgeführt. Bei der Oxidation von Propionsäurepropylamid entstehen nach Lock und Sagar [8] als Abbauprodukte Bis-Propionsäureimid und unsubstituiertes Propionsäureamid. Diese Substanzen lassen sich dünnschichtchromatographisch trennen. Der Zeitpunkt, bei dem die ersten Abbauprodukte nachzuweisen sind, wird als Induktionszeit der Thermooxidation gewählt. Der Abbau wurde bei 180°C in reinem Sauerstoff durchgeführt. Wie aus Tab. 3.3 zu ersehen ist, zeigt sich eine deutliche Abhängigkeit der Induktionsperiode von der Art des Substituenten am Diphenylamin. N-Acylierung läßt die Induktionszeit und damit die Wirksamkeit des Stabilisators fast auf Null sinken, nicht dagegen eine N-Methylierung oder N-Phenylierung. Hier zeigt sich ein gut meßbarer Schutzeffekt. Elektronenliefernde Substituenten erhöhen die Wirksamkeit der Diphenylaminderivate sehr stark, die elektronenanziehende Nitrogruppe verringert den Effekt. Dipicrylamin zeigt gegenüber dem p-Nitrodiphenylamin eine relativ gute Schutzwirkung.

Um Aussagen über die Abhängigkeit der Ladungsverteilung der N—H-Bindung von der Art der Substituenten am aromatischen Ring machen zu können, wurden Frequenz und Intensität der N—H-Valenzschwingung gemessen [121]. Während die Schwingungsfrequenz von der Bindungskraftkonstanten abhängt, bestehen Beziehungen zwischen der Intensität und den polaren Bindungseigenschaften. In einfachen Fällen liegt zwischen der integralen Absorption und der Änderung des elektrischen Dipolmomentes eine relativ einfache Beziehung vor, durch die die mitschwingende elektrische Ladung direkt bestimmt werden kann [122].

Bei einem Übergang von Wasserstoff vom Stickstoff auf Polymerradikale oder Polymerhydroperoxidradikale sollte die Qualität der Schutzwirkung von der Polaritätsänderung bei der Dehnung der N—H-Bindung, bzw. von der Intensität der N—H-Valenz-

Tab. 3.3 Induktionsperiode der Thermooxidation von Propionsäurepropylamid bei Zusatz verschiedener Diphenylaminderivate (Temp. 180°C und 200°C, reiner Sauerstoff)

Stabilisator	Molekulargewicht	Hammettfaktor** σ	σ_-	Menge*** mg/ml	Induktionszeit bei 180°C (min.)	200°C (min.)
p-Hydroxy-DPA*	185	— 0,46/	— 0,37	0,15	320	200
p-Amino-DPA	184	— 0,66/	— 0,66	0,15	320	200
p-Methoxy-DPA	199	— 0,27/	— 0,27	0,17	135	
p-Methyl-DPA	183	— 0,17/	— 0,17	0,15	300	200
p-Phenyl-DPA	245	+ 0,01/	— 0,01	0,2	20	
DPA	169	0,00/	0,00	0,14	60	
p-Chlor-DPA	203,5	+ 0,23/	+ 0,23	0,17	50	
p-Trifluormethyl-DPA	237	+ 0,55/	+ 0,62	0,2	40	
p-Nitro	214	+ 0,78/	+ 1,27	0,18	15	
Dipicrylamin	439			0,36	60	
N-Lauroyl-DPA	351			0,29	10	
N-Benzoyl-DPA	273			0,22	10	
N-Acetyl-DPA	211			0,18	10	
N-Formyl-DPA	197			0,17	10	
N-Methyl-DPA	183			0,15	50	
Triphenylamin	245			0,2	50	

* DPA = Diphenylamin.
** Hammettsche Substitutionsfaktoren σ (97), σ_- (98). Die Abstrahierung eines Wasserstoffatoms oder eines Elektrons wird eher der σ_--Funktion gehorchen, die für die Acidität von Anilinen maßgeblich ist, da direkte Konjugation zwischen Substituenten und Reaktionsort besteht.
*** Ca. 0,83 μMol/ml.

schwingung abhängig sein, wenn, wie von einigen Autoren diskutiert [94, 95], im geschwindigkeitsbestimmenden Schritt eine partielle Ladungstrennung stattfindet.
Die Messung erfolgte in 0,005 molarer Lösung des Stabilisators in Tetrachlormethan. Bei diesen niedrigen Konzentrationen tritt nur die Bande der nichtassoziierten N—H-Schwingung auf. Das Resultat der Untersuchung ist in Tab. 3.4 dargestellt. Unterschiede in der Schwingungsfrequenz waren nur sehr gering. Dagegen zeigten sich starke Differenzen in den Intensitäten.

Tab. 3.4

Substituent	σ_-	Induktionszeit (min)	E_{Mol}
p-OH	— 0,37	320	57
p-OCH$_3$	— 0,27	135	29
p-CH$_3$	— 0,17	300	47
p-Phenyl	— 0,01	(20)	64
—	0,00	60	74
p-Cl	0,23	50	60
p-CF$_3$	0,62	40	77
p-NO$_2$	1,27	15	148

Eine direkte Beziehung zwischen Intensität und Schutzwirkung läßt sich nicht aufstellen. Um die Hypothese einer Wasserstoffübertragung nachzuweisen, wurden Reaktionen von ausgewählten Stabilisatoren mit dem leicht zu handhabenden freien Radikal 1.1-Diphenyl-2-picrylhydrazyl untersucht. (I) reagiert mit Verbindungen, die leicht homöopolar Wasserstoff abspalten, zum gesättigten Diphenylpicrylhydrazin, welches im Gegensatz zum freien rotvioletten Radikal gelb gefärbt ist (100–105):

$$Ph_2\text{-}N\text{-}\dot{N}\text{-}Picryl + InH \rightarrow Ph_2N\text{-}NH\text{-}Picryl + In\cdot$$

$$In\cdot \qquad\qquad \rightarrow Sekundärprodukte$$

Der Reaktionsumsatz läßt sich leicht photometrisch verfolgen. Eine sichere Aussage über den Reaktionsverlauf kann nur nach Extrapolation der Reaktionsgeschwindigkeit auf den Umsatzgrad 0% gemacht werden, da verschiedene Störfaktoren auftreten können. Reaktion 1 ist merklich reversibel [100], und es bilden sich sehr leicht Komplexe zwischen I und den zugesetzten Aminen. Die Sekundärreaktionen des Stabilisatorradikals können ihrerseits wieder zu Reaktionsprodukten führen, die ebenfalls mit freien Radikalen reagieren können oder die gefärbt sind. Dies täuscht eine zu langsame Reaktion vor. Reaktionen mit dem Lösungsmittel [100, 104] (n-Hexan bzw. Äthanol) spielen unter 50°C keine Rolle, müssen aber bei langsam verlaufenden Reaktionen berücksichtigt werden.
Die Messungen wurden bei Raumpemperatur (25°C) und 50°C bei einer Konzentration von 10^{-4} Mol/l an Stabilisator und (I) vorgenommen. Als Lösungsmittel dienten n-Hexan und für solche Verbindungen, die in Hexan keine ausreichende Löslichkeit besaßen (p-Nitro-DPA, p-Hydroxy-DPA und Dipicrylamin), Äthanol. Bei allen guten Stabilisatoren für Propionsäurepropylamid fand eine augenblickliche Reaktion mit I statt, während die schlechten Stabilisatoren merklich langsamer reagierten. Es scheint also eine Beziehung zwischen der Fähigkeit dieser Verbindungen, Wasserstoffatome auf das freie Radikal I zu übertragen, und der Schutzwirkung dieser Verbindungen gegen die Thermooxidation von Amiden zu bestehen.

3.3.4 Diskussion der Ergebnisse

Wie aus den Ergebnissen zu ersehen ist, beeinflussen Substituenten am aromatischen Kern und am Stickstoff die Wirksamkeit der Verbindungen. Elektronenanziehende Substituenten erniedrigen die Induktionsperiode, während elektronenliefernde sie sehr stark erhöhen. Dies läßt zunächst den Schluß zu, daß die Stabilität des intermediär gebildeten Inhibitorradikals nicht von maßgeblicher Bedeutung für die Wirksamkeit der Schutzstoffe ist, da sowohl elektronenanziehende als auch elektronenliefernde Substituenten die Mesomeriemöglichkeiten des Radikals erhöhen [99].

Dies sollte dann zu einer Erhöhung der Wirksamkeit führen. Wahrscheinlich findet jedoch während des Absättigungsvorganges eine partielle Ladungstrennung statt, wodurch die Absättigung von der Elektronendichte am Stickstoff abhängig wird [94, 95]. Die Klärung dieser Überlegung bedarf weiterer Untersuchungen.

N-Acylierung hebt die Wirksamkeit des Diphenylamins auf. Dies ist allerdings kein sicherer Nachweis dafür, daß bei der Stabilisierung ein Wasserstoffübergang vom Inhibitor auf ein Amidradikal erfolgt, da Acylgruppen stark elektronenanziehende Substituenten sind. Das freie Elektronenpaar am Stickstoff nimmt an der Amidmesomerie teil. Dadurch werden auch Elektronenübergänge erschwert. Weniger wahrscheinlich gemacht wird dadurch aber die Vorstellung von HAMMOND [84], daß im geschwindigkeitsbestimmenden Schritt eine Anlagerung des Polymerradikals an die aromatischen Ringe erfolgt. Dieser Schritt sollte durch die N-Acyl-Gruppe zwar erschwert, aber nicht unmöglich gemacht werden. Die relativ gute Schutzwirkung sowohl des N-methylierten als auch des N-phenylierten Amins zeigt, daß ein Wasserstoffübergang vom Stickstoff nicht erforderlich ist.

Untersuchungen am Modellsystem (Propionsäurepropylamid) können jedoch nicht ohne weiteres auf die Stabilisierung des Polymeren übertragen werden. Versuche an technischem Nylon 6 schlugen bisher sowohl bei Messungen der mechanisch-technologischen Werte als auch bei der differentialkalorimetrischen Bestimmung der Induktionszeit fehl. Eine Erklärung kann eine Arbeit von K. I. IVANOV [106] geben. Er stellte fest, daß die Wirksamkeit einiger Stabilisatoren, u. a. Phenyl-β-naphtylamin und p-Hydroxydiphenylamin, bei sorgfältig gereinigten, peroxidfreien Substanzen sehr gut war. Wurden aber nach Beginn der Oxidation die Stabilisatoren zugesetzt, zeigten sie keine Schutzwirkung mehr. Der Autor folgerte daraus, daß diese Substanzen nur mit primären Oxidationsprodukten reagieren [107], nicht aber den Zerfall von Peroxiden in voroxidiertem Material verhindern können. Nylon 6, nicht stabilisiert oder mit den gebräuchlichsten Antioxidationsmitteln geschützt, zeigt bei 180°C keine meßbare Induktionsperiode der Sauerstoffabsorption mehr [82]. Das von uns eingesetzte Material war durch seine Verarbeitung bereits geschädigt (s. Tab. 2.2). Eventuell vorhandene Peroxide werden bei höherer Temperatur den Abbaumechanismus stärker beeinflussen als bei niedriger Temperatur. Dies erklärt den teilweisen Erfolg der Langzeitversuche bei 140°C. Ob diese Überlegungen richtig sind, kann durch Untersuchungen an nicht geschädigtem, frisch hergestelltem Material festgestellt werden.

Zusammenfassend kann gesagt werden, daß sich aus den bisherigen Untersuchungen zwar eine Beziehung zwischen Substituentenfaktoren und der Schutzwirkung von Diphenylaminderivaten aufstellen läßt. Eine Deutung der erzielten Resultate ist erst mit zusätzlichen kinetischen Daten und Untersuchungen des Löslichkeits- und Diffusionsverhaltens sowie von Sekundärreaktionen von Stabilisator- und Polymerradikalen möglich.

4. Experimenteller Teil

4.1 Thermooxidation von Nylon 6

4.1.1 Material

Es wurde ein Nylon 6-Endlosgarn aus neun Monofilen von 5 den eingesetzt. Es enthielt außer dem Kettenlängenstabilisator Essigsäure keine weiteren Zusätze. Spinnpräparation und Oligomere wurden durch Extraktion entfernt.

Das cyclische Dimere des Caprolactam wurde aus technischen Heißwasserextrakten von Nylon 6-Fasern gewonnen. Der Extrakt wurde nach einer Vorschrift von ROTHE [108] eine halbe Stunde mit Acetanhydrid gekocht. Das Dimere bleibt ungelöst zurück. Es wurde zweimal aus der 120fachen Menge Wasser umkristalisiert. Die weißen Kristalle vom Schmelzpunkt 348°C waren chromatografisch einheitlich und stimmten in ihrem R_f-Wert mit durch Gelchromatografie gewonnenem reinem cyclischen Dimeren überein. Vor der Thermooxidation wurde das Material in einem elektrischen Mörser staubfein pulverisiert.

4.1.2 Thermooxidativer Abbau

Das Nylon 6-Garn wurde als Strängchen hängend in einem Labortrockenschrank bei $(200 \pm 10)\,°C$ drei Stunden unter Luftzutritt erhitzt. Bei der Erhitzung flüchtige Produkte wurden nur in einem Fall untersucht. In einem Versuch wurden mildere Erhitzungsbedingungen gewählt (200°C, 210 sec).

Das cyclische Dimere wurde zunächst unter gleichen Bedingungen erhitzt. In dem reinweißen Pulver konnten keine Abbauprodukte nachgewiesen werden. Da ein Teil des $c(Cap)_2$ unter diesen Bedingungen sublimierte, wurden weitere Versuche in geschlossenen Gefäßen durchgeführt. Die Oxidation erfolgte in Reinst-Sauerstoff bei $(220 \pm 10)\,°C$ während fünf Stunden.

4.1.3 Photooxidation

Die Photooxidation wurde mit einer Hg-Hochdrucklampe Q 3000 der Quarzlampengesellschaft mbH, Hanau, während 120 h unter Luft durchgeführt. Die Reaktionstemperatur betrug 35°C, die relative Luftfeuchte 45%. Der Abstand zwischen Lichtquelle und Fasern war 14 cm.

4.1.4 Hydrolyse und Trennoperationen

Hydrolyse und Trennung wurden in Anlehnung an eine Arbeit von KAMERBEEK [24] durchgeführt.

5 g Polyamid oder cyclisches Dimeres wurden mit 150 ml 18%iger Salzsäure unter einem schwachen Reinststickstoffstrom 48 Stunden am Rückfluß gekocht, wobei der Stickstoff anschließend durch eine verdünnte Lösung von 2.4-Dinitrophenylhydrazin in Perchlorsäure geleitet wurde, um leicht flüchtige Carbonylverbindungen zu binden. In der Vorlage schied sich nach kurzer Zeit ein gelber bis brauner Niederschlag ab *(Fraktion 3a)*. Der Reinststickstoff sollte eine Oxidation in flüssiger Phase verhindern. Das Hydrolysat wurde anschließend 48 Stunden mit Äther in einem Perforator nach Kutscher-Steudel extrahiert.

Der Ätherextrakt wurde vorsichtig eingeengt und anschließend einer Wasserdampfdestillation unterworfen, wobei die Vorlage mit 50 ml n NaOH beschickt war. Nach dem Ansäuern mit H_2SO_4 wurde mit Äther extrahiert. Der Ätherextrakt wurde mit Na_2SO_4 getrocknet und nach dem Einengen analysiert *(Fraktion 1)*.

Der Rückstand der Wasserdampfdestillation wurde ebenfalls mit Äther extrahiert und in gleicher Weise wie oben weiterbehandelt *(Fraktion 2)*. Bei einigen Versuchen wurde der Ätherextrakt des Hydrolysats mit 50 ml 0,2%iger 2.4-Dinitrophenylhydrazinlösung versetzt und anschließend eingeengt. In der wäßrigen Phase bildete sich ein brauner, manchmal teeriger Niederschlag, der auf carbonylhaltige Verbindungen untersucht wurde *(Fraktion 3b)*. Das vom ätherlöslichen Anteil befreite saure Hydrolysat wurde vorsichtig mit verdünnter NaOH alkalisch gestellt (auf pH 10–11). Im Alkalischen flüchtige Substanzen wurden mit Wasserdampf in eine mit 2 n HCl beschickte Vorlage getrieben. Das Destillat wurde am Rotavapor zur Trockene eingeengt *(Fraktion 4)*.

Der alkalische Hydrolyserückstand wurde nun 24 Stunden mit Äther extrahiert. Nach dem Einengen wurde ein braunes Öl erhalten, das beim Stehen teilweise kristallisierte *(Fraktion 5)*.

Der Hydrolyserückstand wurde neutral gestellt, am Rotavapor zur Trockene eingeengt und anschließend im Hochvakuum über NaOH getrocknet *(Fraktion 6)*.

Bei einigen späteren Hydrolysen, die lediglich zur quantitativen Bestimmung der Adipinsäure und des Butylamins dienten, wurden die Trennverfahren vereinfacht. Eine Bestimmung der Adipinsäure ließ sich auch ohne Trennung der Fraktionen 1 und 2 durchführen. Bei einigen Bestimmungen des Butylamins wurde diese Verbindung direkt nach der Hydrolyse mit Wasserdampf im Alkalischen ausgetrieben.

4.1.5 Identifizierung der Abbauprodukte

4.1.5.1 Fraktion 1

Fraktion 1 wurde dünnschichtchromatografisch auf Monocarbonsäuren untersucht. Mit Sicherheit ließ sich lediglich Valeriansäure nachweisen. Gaschromatographisch[*] wurden Essigsäure, Ameisensäure und geringe Mengen Propion- und Buttersäure gefunden (Bed. Tab. 4.1).

Tab. 4.1 Chromatografische Trennung der Fraktion 1

Stationäre Phase	Mobile Phase		Nachweis
1. Kieselgel nach Stahl	Tetrahydrofuran	3	Bromkresolpurpur
	3 n Ammoniak	1	
2. Kieselgel nach Stahl	Pyridin	1	Bromkresolpurpur
	Petroläther	2	
3. Polypropylenglykol* (Ucon LB 500 X) 4% auf Chromosorb G 2 m Säule, $\varnothing_i$ 2 mm Temperatur 120°C 150°C	Helium 40 ml/min		Hitzdrahtdetektor

[*] Fraktometer F 7 HF der Bodenseewerke Perkin-Elmer, Überlingen/Bodensee.

4.1.5.2 Fraktion 2

Dünnschichtchromatografisch und papierchromatografisch ließ sich Adipinsäure sehr leicht nachweisen. Die übrigen Säuren zeigten mit abnehmender Kohlenstoffzahl verminderte Fleckenintensität.

Da Adipinsäure für die Betrachtung des Abbaumechanismus von ausschlaggebender Bedeutung ist, wurde sie in Substanz durch Verteilung zwischen Wasser und Äther und Umkristalisation aus diesen beiden Lösungsmitteln rein isoliert.

Tab. 4.2 Chromatografische Trennung der Fraktion 2

Stationäre Phase	Mobile Phase	Indikator
1. Kieselgur G nach Stahl Polyäthylenglykol	Diisopropyläther 90 Ameisensäure 7 Wasser 3	Bromkresolpurpur
2. Polyamid DC (WOELM)	Diisopropyläther 50 Petroläther 20 Tetrachlormethan 20 Ameisensäure 8 Wasser 1	Bromkresolpurpur
3. Papier S & S Nr. 4043	1 n Ammoniak in 78%igem Äthanol	Ninhydrin
4. Polypropylenglykol (Ucon LB 500 X) 4% auf Chromosorb G 2 m Säule, $\varnothing_i$ 2 mm Temperatur 120°C 145°C	Helium 25 ml/min oder Stickstoff 25 ml/min	Flammen-ionisationsdetektor Luft 750 ml/min Wasserstoff 25 ml/min

Als weiteres Analysenverfahren, vor allem im Hinblick auf eine später durchgeführte quantitative Bestimmung der Adipinsäure, wurde die Gaschromatographie eingesetzt. Nach Überführung in geeignete leicht flüchtige Derivate lassen sich die Dicarbonsäuren analysieren. Neben der qualitativen wurde auch eine halbquantitative Bestimmung durch visuellen Vergleich der Peakflächen durchgeführt.

Für die quantitative Bestimmung der Adipinsäure wurden die Methylester eingesetzt, die durch Methylierung der Säure mit Diazomethan gewonnen wurden.

4.1.5.3 Fraktion 3a und 3b (mit 2.4-Dinitrophenylhydrazin fällbare Verbindungen)

Die Verbindungen dieser Fraktion wurden neben dünnschichtchromatographischen Nachweisen auch gaschromatographisch in Form der DNPHy-Derivate bestimmt. Dies geschah in Anlehnung an eine Vorschrift von SOUKUP [109], die weitgehend verbessert werden konnte [53]. In Fraktion 3b konnten nach Veresterung mit Diazomethan Aldehydcarbonsäuren nachgewiesen werden.

Chromatographiebedingungen

Säule: Silicongummi SE 52,1-proz. auf Chromosorb G, Temperatur 250, 275°C (Fraktion 3a), 210°C (Fraktion 3b), Trägergas 25 ml/min. N_2.
Detektor: FID, Temperatur 350°C 25 ml/min. H_2, 750 ml/min. Luft. Einspritzblocktemperatur 300°C.

4.1.5.4 Fraktion 4

Fraktion 4 wurde dünnschicht- und gaschromatographisch untersucht. Die Bedingungen sind in Tab. 4.3 angegeben.

Die Farbflecken mit Ninhydrin zeigten alle etwa die gleiche Intensität, was darauf hindeutet, daß alle Amine mit Ausnahme des Ammoniaks in etwa gleicher Konzentration

Tab. 4.3 Chromatographische Analyse der Fraktion 4 (Amine)

Stationäre Phase	Mobile Phase		Indikator
1. Kieselgel G nach Stahl	*n*-Butanol	8	Ninhydrin
	Eisessig	2	
	Wasser	2	
2. Cellulosepulver MN 300	*n*-Butanol	3	Ninhydrin
10 min bei 110–120°C aktiviert	Äthanol	1	
	Wasser	1	

gebildet werden. Dieses Ergebnis wurde bei der gaschromatographischen Bestimmung der Trifluoracetamide [110] bestätigt.

Chromatographiebedingungen

Säule: Carbowax 20 M, 0,5-proz. auf Chromosorb G, 2 m, Temperatur 80°C, Trägergas 25 ml/min. N_2.

Detektor: FID 25 ml/min. H_2, 750 ml/min. Luft, Temperatur 300°C, Einspritzblocktemperatur 280°C.

4.1.5.5 Fraktion 5

Diese Fraktion wurde gas- und dünnschichtchromatographisch untersucht. Sie enthält keine ninhydrinpositive Komponente. Zur Hauptsache besteht sie aus Caprolactam, daneben enthält sie noch Spuren von δ-Valerolactam.

4.1.5.6 Fraktion 6

Fraktion 6, die neben etwaigen Abbauprodukten die gesamte Menge der nicht umgesetzten ε-Aminocapronsäure und große Mengen anorganischer Salze enthält, wurde zunächst im Hochvakuum über NaOH getrocknet. Die entstandenen Verbindungen wurden sowohl dünnschicht- als auch gaschromatographisch getrennt (Bedingungen s. Tab. 4.4).

Tab. 4.4 Chromatographische Analyse der Fraktion 6

Stationäre Phase	Mobile Phase		Indikator
1. Kieselgel G nach Stahl	*n*-Butanol	8	Ninhydrin
	Eisessig	2	
	Wasser	2	
2. Kieselgel G nach Stahl	1. Richtung wie »1.«		Ninhydrin
	2. Richtung		
	Phenol	75	
	Wasser	25	
	NaCN 20 mg		
3. Kieselgel G nach Stahl	Chloroform	70	Eigenfarbe
(als DNP-Derivate)	Benzyl-		
	alkohol	30	
	Eisessig	3	
4. Carbowax 20 M 0,5% auf Chromosorb G	Helium oder		FID
(80/100)	Stickstoff		
2 m Säule, $\varnothing_i$ 2 mm	25 ml/min		
Temperatur 130°C			

ε-Aminocapronsäure, die in sehr hoher Konzentration vorhanden ist, störte die dünnschichtchromatographische Identifizierung der Abbauprodukte sehr stark.
Als beste Methode erwies sich die gaschromatographische Trennung der Trifluoracetylaminosäuremethylester, die nach einer Vorschrift von DARBRE und BLAU [111] hergestellt wurden. Zur Analyse wurden die entstandenen Ester in 1 ml Äthylmethylketon aufgenommen. Die Identifizierung der einzelnen Aminosäuren erfolgte durch Zugabe der entsprechenden Modellverbindungen zur Probenlösung. Die Auflösung des Chromatogramms reichte für eine qualitative Bestimmung aus. Eine quantitative Bestimmung, vor allem der für den Vergleich der Reaktivität der N-vicinalen und CO-vicinalen Methylengruppen interessanten δ-Aminovaleriansäure war nicht möglich.

4.1.6 Quantitative Bestimmungen

4.1.6.1 Adipinsäure

Die quantitative Bestimmung der Adipinsäure wurde wie folgt durchgeführt: Der Ätherextrakt des Hydrolysats (5 g Ansatz) wurde zur Trockene eingeengt, in wenig Methanol gelöst und mit ätherischem Diazomethan verestert. Nach der Umsetzung wurden überschüssiges Diazomethan und das Lösungsmittel abgezogen. Der Rückstand wurde nach Zusatz von 100 µl Adipinsäureäthylester als innerem Standard mit Dioxan p. A. auf 5 ml aufgefüllt und gaschromatographisch analysiert. Die quantitative Bestimmung wurde an Hand einer Eichkurve durchgeführt.

Chromatographiebedingungen[1]

Säule: Polypropylenglykol 4-proz. auf Chromosorb G, 2 m, Temperatur 165°C, Trägergas 40 ml Helium/Min.
Detektor: HD 250°C, Einspritzblock 300°C, Einspritzmenge 0,5 µl.

Der Fehler bei der Adipinsäurebestimmung betrug ± 2% vom Meßwert.

4.1.6.2 n-Butylamin

Zur quantitativen Bestimmung des Butylamins wurden die getrockneten Aminhydrochloride mit ca. 20 ml trockenem Tetrachlormethan aufgeschlämmt und unter Rühren bei ca. 60°C mit 1 ml Trifluoracetanhydrid zur Reaktion gebracht. Nach zwei Stunden war die Reaktion vollständig. Es wurde vom Rückstand, in der Hauptsache unsubstituiertes Trifluoracetamid und frei von n-Butylacetamid, abfiltriert und eingeengt. Der Rückstand wurde mit Tetrachlormethan auf 1 ml aufgefüllt und quantitativ analysiert. Die Peakfläche wurde mit einer Eichlösung, die nahezu gleiche Konzentration besaß, verglichen. Wie sich aus einer Abschätzung der zu erwartenden Ergebnisse zeigte, reichte der erzielte relative Fehler ± 20% für den hier durchzuführenden Vergleich völlig aus, so daß keine Versuche gemacht wurden, die Bestimmungsmethode weiter zu verfeinern.

Chromatographiebedingungen[1]

Säule: Carbowax 20 M, 0,5-proz. auf Chromosorb G, Temperatur 75°C, Trägergas Stickstoff 25 ml/min.
Detektor: FID, 25 ml H_2/min. 700 ml Luft/min. Einspritzblock 280°C, Einspritzmenge 0,5 µl.

[1] Fraktometer F7 der Bodenseewerke Perkin-Elmer, Überlingen/Bodensee.

4.1.7 IR-Spektren

Die IR-Spektren wurden mit einem Spektralphotometer 221 der Bodenseewerke Perkin-Elmer, Überlingen/Bodensee, aufgezeichnet.

4.1.8 Präparate

4.1.8.1 Lösungsmittel und Vergleichssubstanzen

Lösungsmittel und Vergleichssubstanzen wurden, wenn nicht besonders erwähnt, käuflich in p. a. Qualität erworben und ohne weitere Reinigung eingesetzt.
6-Oxocapronsäure wurde nach einer Patentvorschrift der Chemischen Fabrik Albert durch Oxidation von Cyclohexanon mit alkalischem Wasserstoffperoxyd hergestellt. Das Dinitrophenylhydrazon (142°C Schmelzpunkt) wurde nach üblicher Vorschrift hergestellt [112].
5-Oxopentansäure (5-Oxovaleriansäure) wurde aus Cyclopentanon durch Oxidation mit 30%igem H_2O_2 in Gegenwart von Pervanadinsäure gewonnen [113].
n-Butyltrifluoracetamid wurde durch Acylierung von *n*-Butylamin mit Trifluoracetanhydrid gewonnen. Das Präparat war nach der Destillation gaschromatographisch rein. $n_D^{20} = 1{,}3821$ (Lit. 1.3803), Kp_{11} 105°C [110].

4.2 Stabilisierung von Nylon 6

4.2.1 Stabilisierungsversuche an Nylon 6

Für diese Versuche wurde das gleiche Material verwendet wie für die Abbauuntersuchungen. Es wurde in gleicher Weise gereinigt.
Fasersträngchen von 1 bis 5 g wurden in p. A. *n*-Hexan, das 5 g pro Liter an Stabilisatoren enthielt, zwei Stunden auf 50°C am Rückfluß erhitzt. Das Flottenverhältnis war 1 : 40. Anschließend wurde zweimal mit je 50 ml *n*-Hexan 5 min. gewaschen und über Silicagel im Vakuum getrocknet. Beim Diphenylamin wurden auch andere Konzentrationen eingesetzt. Das Material wurde anschließend wie im Abschnitt 3.3 beschrieben erhitzt.
Die Kraftdehnungsdiagramme wurden mit einem Meßgerät der Firma Zwick/Einsingen b. Ulm, bestimmt:
Einspannlänge 10 cm, Vorspanngewicht 5 p, mittlere Zerreißdauer 20 sec.
Es wurde jeweils über 20 Messungen gemittelt. Die Ergebnisse der Langzeitversuche wurden in Tab. 3.2 aufgeführt.
Die Polycaprolactamfilme wurden aus 10%iger Lösung des Polymeren in Trifluoräthanol hergestellt. Ihre Dicke betrug 60 μ, die Breite 6 cm. Die verschiedenen Stabilisatoren wurden der Lösung vor der Filmherstellung zugesetzt (jeweils 0,1–1,0 Gew.-% des Nylon 6). Die Filme wurden über Silicagel bei Zimmertemperatur getrocknet und im Trockenschrank bei Temperaturen zwischen 120 und 200°C thermooxidativ abgebaut. Als Meßgröße für die Schutzwirkung wurden Reiß- und Biegefestigkeit bestimmt. Diese Messungen ergaben keine reproduzierbaren Werte.

4.2.2 Bestimmung der Induktionszeit mit Hilfe der Differentialkalorimetrie

Wie oben hergestellte Filme wurden in einer kalorimetrischen Zelle thermooxidativ abgebaut. Hierzu wurden ca. 4 mm lange Quadrate dieser Filme in Aluminiumbehältern der DSC-Zelle eines Differentialthermoanalysators[2] unter Stickstoff auf die Behandlungstemperatur gebracht und anschließend Sauerstoff (0,5 l/min) ausgesetzt. Es zeigte sich bei diesen Versuchen, daß der Wärmeübergang zwischen Film und Meßgefäß sehr schlecht war. Auch das Aufpressen durchlöcherter Deckel brachte keine wesentliche Verbesserung.

Eine Verbesserung wurde erst dadurch erreicht, daß das Nylon 6 in den Meßgefäßen unter Stickstoff aufgeschmolzen wurde und nach dem Abkühlen auf die Behandlungstemperatur (160–230°C) mit Sauerstoff umgesetzt wurde. Die stark exotherme Abbaureaktion setzte innerhalb der ersten zwei Minuten nach Zugabe des Sauerstoffs ein, unabhängig davon, ob Stabilisatoren zugesetzt worden waren oder nicht.

4.2.3 Untersuchung an Modellverbindungen

1 ml Propionsäurepropylamid wurde ohne und in Gegenwart von Stabilisatoren in einem Reaktionsgefäß mit Sauerstoffeinleitungs- und -ableitungsrohr bei 180°C oxidiert. Die Stabilisatoren wurden in 5–10%iger Lösung (Lösungsmittel Hexan) der Probe zugesetzt, wobei vorausgesetzt wurde, daß das Lösungsmittel n-Hexan keine störende Nebenreaktion beim Abbau zeigte. Jeweils 5 µl wurden der Probe entnommen und nach Verdünnen mit Hexan dünnschichtchromatographisch untersucht (Bedingungen in Tab. 4.5). Die Abstände der Probennahme wurden zwischen zwei und zehn Minuten gewählt.

Tab. 4.5 Chromatographiebedingungen zur Trennung des Propionsäurepropylamids und seiner Abbauprodukte

Stationäre Phase	Mobile Phase		Indikator
1. Kieselgel HF$_{254}$ Fertigplatte (Merck)	Benzol (mit NH$_3$ gesättigt) n-Propanol	90 5	Chlor/o-Tolidin
2. w. o.	Benzol Pyridin	90 10	Chlor/o-Tolidin

Die beste Trennwirkung zeigte das zweite Fließmittelgemisch in Tab. 4.5.
Das erste Auftreten des Bis-propionsäureimids wurde als Ende der Induktionsperiode angesetzt.

4.2.4 Präparativer Teil

4.2.4.1 Herstellung der Modellsubstanzen

Propionsäurepropylamid wurde nach Vorschrift von LOCK und SAGAR [8] hergestellt.

Kp$_{20}$ 128°C (Lit. Kp$_{25}$ 133°C) n_D^{20} 1,4387

Propionsäureamid wurde nach üblicher Vorschrift aus Propionylchlorid und Ammonchlorid in Gegenwart von Pyridin gewonnen. Es wurde aus Benzol umkristallisiert.

Fp 79°C (Lit. 79,5°C)

---

[2] Differential Thermal Analyzer 900, E. I. Du Pont de Nemours, Wilmington, Delaware.

Bis-Propionsäureimid wurde aus Propionsäureamid und Propionylchlorid in Gegenwart von Pyridin nach THOMPSON [114] hergestellt und aus Äther/Petroläther umkristallisiert.

Fp 152°C (Lit. 154,9–155,4°C)

4.2.4.2 Herstellung der Stabilisatoren

Die in Tab. 4.6 aufgeführten Stabilisatoren wurden käuflich erworben und vor dem Einsatz durch Umkristallisieren gereinigt.

Tab. 4.6

Stabilisator	Hersteller	Reinheit	Umkristallisiermittel	Fp °C
Diphenylamin	Merck	p. A.	Methanol	53
Hydroxy-DPA*	Fluka AG	puriss.	Wasser	73
p-Amino-DPA	Fluka AG	puriss.	Petroläther	75
Triphenylamin	Fluka AG	purum	Äthanol	128
Dipicrylamin	Fluka AG	puriss.	Eisessig/Wasser	245
N-Formyl-DPA	Fluka AG	purum	Methanol/Wasser	74
N-Nitroso-DPA	Fluka AG	pract.	Methanol	68

* DPA = Diphenylamin.

Käufliches N-Methyldiphenylamin (K & K Laboratories Inc., Plainview, N. Y.) wurde fraktioniert und gaschromatographisch auf Reinheit geprüft. Die Mittelfraktion war chromatographisch einheitlich.

Kp_{11} 193°C

Die acylierten Diphenylaminderivate wurden aus Diphenylamin und den entsprechenden Säurechloriden hergestellt. Sie waren chromatographisch rein und zeigten folgende Schmelzpunkte:

N-Acetyldiphenylamin Fp 103°C
N-Benzoyldiphenylamin Fp 180°C
N-Lauroyldiphenylamin Fp 54°C

Die Stabilisatoren in Tab. 4.7 wurden nach einer Vorschrift von ULLMANN [115] aus den kernsubstituierten Anilinen und o-Chlor bzw. o-Jodbenzoesäure hergestellt. Die gebildeten substituierten Diphenylamincarbonsäuren wurden bei Temperaturen zwischen 180 und 280°C decarboxyliert. Die Reinigung der Produkte erfolgte durch Destillation und Umkristallisation.

Tab. 4.7

Ausgangsamin	Diphenylaminderivat	Schmelzpunkt °C
p-Chloranilin	p-Chlor-DPA*	75
p-Toluidin	p-Methyl-DPA	89
4-Aminobiphenyl	p-Phenyl-DPA	112
p-Trifluormethyl-DPA	p-Trifluormethyl-DPA	126

* DPA = Diphenylamin.

p-Nitrodiphenylamin wurde nach einer Vorschrift von BACKER und WADMAN [116] hergestellt. Aus Cyanamid und p-Nitrobenzolsulfochlorid wurde in Gegenwart von NaOH das Natriumsalz des p-Nitrosulfonylcyanamids gewonnen [117], das leicht Anilin zum p-Nitrosulfonyl-N'-phenylguanidin anlagert. Dieses Produkt zersetzt sich in Gegenwart von NaOH zu dem gewünschten p-Nitrodiphenylamin.

Fp 136°C

p-Methoxydiphenylamin wurde aus gereinigtem p-Hydroxydiphenylamin durch Methylierung mit Dimethylsulfat gewonnen.

Fp 105°C

5. Zusammenfassung

1. In Totalhydrolysaten von thermooxidiertem Nylon ließen sich die homologen aliphatischen unverzweigten Mono- und Dicarbonsäuren mit Adipinsäure als Hauptabbauprodukte identifizieren. Dies beweist eindeutig, daß die N-vicinale Methylengruppe gegen einen oxidativen Angriff besonders anfällig ist.
2. Daneben konnten als weitere Abbauprodukte die homologen Reihen von Alkylaminen und ω-Aminocarbonsäuren bis zur δ-Aminovaleriansäure nachgewiesen werden. Die Bildung dieser Verbindungen kann nicht über einen Angriff an der N-vicinalen Methylengruppe erfolgen. Angesichts der geringen und nahezu gleichen Mengen der stickstoffhaltigen Abbauprodukte muß ein statistischer Angriff bei allen übrigen Methylengruppen mit Ausnahme des bevorzugten N-vicinalen Angriffs angenommen werden. Die CO-vicinale Position ist nicht besonders aktiviert. Für die Entstehung der ebenfalls gefundenen Carbonylverbindungen kann kein einheitlicher Bildungsmechanismus angegeben werden.
3. Die erhöhte Reaktivität der N-vicinalen Methylengruppe läßt sich durch eine aus spektroskopischen Daten ableitbare Wechselwirkung mit dem π-Elektronensystem der Carbonamidgruppe herleiten. Sie sollte dann konformationsabhängig sein. Durch Vergleich der Abbauprodukte von thermooxidiertem Cyclo-bis(-ε-aminocaproyl), dessen N-vicinale Methylengruppen in stabiler gauche-Konformation vorliegen, mit Polycaprolactam, das unter den Versuchsbedingungen eine statistische Verteilung der einzelnen Konformationen besitzt, konnte nachgewiesen werden, daß eine trans-ständige N-vicinale Methylengruppe wesentlich reaktiver ist. Die Untersuchung der Photooxidation von Polycaprolactam bei 35°C führte zum gleichen Ergebnis.
4. Die Stabilisierung von Nylon 6 gegen Thermooxidation durch substituierte Diphenylamine wurde untersucht. Versuche am Polymeren, bei dem die Schutzwirkung durch mechanisch-technologische Daten und differentialkalorimetrische Messung der Induktionszeit bestimmt wurden, waren nicht reproduzierbar. Bei einigen Langzeiterhitzungen bei niederer Temperatur konnte jedoch gezeigt werden, daß eine N-Acylierung die stabilisierende Wirkung aufhebt.
5. Untersuchungen am Modellamid Propionsäurepropylamid, bei dem die Induktionsperiode durch dünnschichtchromatografischen Nachweis von Oxidationsprodukten gemessen wurde, zeigten, daß sich Beziehungen zwischen Substituentenfaktoren und der Schutzwirkung von Diphenylaminderivaten aufstellen lassen. Elektronen-

liefernde Substituenten erhöhen die Wirksamkeit, während elektronenanziehende sie erniedrigen. N-Acylierung hebt die Schutzwirkung auf, während eine N-Alkylierung sie nur verringert. Eine Deutung der erzielten Resultate ist erst mit zusätzlichen kinetischen Daten und Untersuchungen des Löslichkeits- und Diffusionsverhaltens sowie von Sekundärreaktionen von Stabilisator- und Polymerradikalen möglich.

6. Literatur

[1] KOCH, P.-A., Faserstofftabellen, Feb. 1968, Polyamidfasern, Z. ges. Textilind. **70** (1968), 203–217.
[2] MILLER, I. K., Mitteilungen des Carothers Research Laboratory der E. I. Du Pont de Nemours and Co. Inc., Wilmington, Del.
[3] DRP 737 943 (IG Farbenindustrie AG) v. 3. 2. 1941.
[4] SHARKEY, W. H., und W. E. MOCHEL, J. chem. Soc. **81** (1959), 3000–3005.
[5] RIECHE, ALFRED, Kunststoffe **54** (1964), 428–435.
[6] RIECHE, A., und W. SCHÖN, Chem. Ber. **99** (1966), 3238–3243.
[7] RIECHE, A., und W. SCHÖN, Kunststoffe **57** (1967), 49–52; W. SCHÖN, Diss., Jena 1964.
[8] LOCK, M. V., und B. F. SAGAR, J. Chem. Soc. (London) (B), **1966**, 690–696.
[9] MOORE, R.-F., Polymer (London) **1963**, 493–513.
[10] OM PRAKASH GARG, Diss., Aachen 1963.
[11] BURNETT, G. M., und K. M. RICHES, J. Chem. Soc. (London) (B), **1966**, 1229–1234.
[12] LOCK, M. V., und B. F. SAGAR, Proc. Chem. Soc. (London) **1960**, 358.
[13] SAGAR, B. F., J. Chem. Soc. (London) (B) **1967**, 428–439.
[14] BOASSON, E., B. KAMERBEEK, A. ALGERA und G. H. KROES, Rec. trav. chim. Pays-Bas **81** (1962), 624–634.
[15] KROES, G. H., Rec. trav. chim. Pays-Bas **82** (1963), 979–987.
[16] FESTER, W., und M.-L. KEHREN, Melliand Textilchemie **1965**, 56–60.
[17] MAREK, B., E. LERCH, J. Soc. Dyers Colourists **1965**, 481–487.
[18] LEVI, DAVID W., Plastec, Note 7 (1963).
[19] TEETSEL, DOROTHEE A., D. W. LEVI, Plastec, Note 10 (1966).
[20] ACHKAMMER, B. G., F. W. REINHART und G. M. KLINE, J. appl. Chem. **1951**, 301–320.
[21] STRAUS, S., und L. A. WALL, J. Res. nat. Bur. Standards **60** (1958), 39–45.
[22] ROCHAS, P., und J. C. MARTIN, Bull. Inst. Textile France **83** (1959), 41–84.
[23] HASSELSTROM, T., H. W. COLES, C. E. BALMER, M. HANNIGAN, M. M. KEELER und R. J. BROWN, Textile Res. J. **1952**, 742–748.
[24] KAMERBEEK, B., G. H. KROES und W. GROLLE, Soc. Chem. Ind. (London), Monogr. **13** (1961), 357–391.
[25] GOODMAN, I., J. Polymer Sci. **13** (1951) 175–178.
[26] GOODMAN, I., J. Polymer Sci. **17** (1955), 587–590.
[27] ROCHAS, P., Teintex **27** (1962), 471–495.
[28] FESTER, W., Z. ges. Textilind. **66** (1964), 955–958.
[29] FESTER, W., Kolloid-Z. **188** (1963), 127–128.
[30] FESTER, W., Textile Res. J. **34** (1962), 362.
[31] SCHWEMMER, M., Textil-Rdsch. **11** (1956), 70–82.
[32] FESTER, W., Interne Mitteilung der Textilforschungsanstalt Krefeld, Nr. 72, Sept. 1964.
[33] RAFIKOV, S. R., und S. TSI-PIN, Vysokomol. Soed. (russ.) **4** (1962), 851.
[34] FORD, R. A., J. Colloid Sci. **12** (1957), 271–282.
[35] KATO, K., J. chem. Soc. Japan, ind. Chem. Sect. (Kogyo Kakagu Zasshi) **68** (1965), 2495–2499; Ref. in C. A. **65** (1966), 7337 d.

[36] LEVANTOVSKAYA, I. I., B. M. KOVARSKAYA, G. V. DRALJUK und M. B. NEIMANN, Sowj. Beiträge Faserforsch. u. Textiltechn. **2** (1965), 17–20.
[37] STERN, V. I., Oxidationsmechanismus von Kohlenwasserstoffen in der Gasphase. Izd. Akad. Nauk SSSR Moskau 1960.
[38] SEMENOV, N. N., Über einige Probleme der chemischen Kinetik und Reaktionsfähigkeit. Izd. Akad. Nauk SSSR, Moskau 1958.
[39] RAFIKOV, S. R., und R. A. SOROKINA, Vysokomol. Soed **3** (1961), 21–29.
[40] BOURIOT, P., und S. CHAILLEY, Bull. Inst. Textile France **17** (1963), 503–516.
[41] TSU-WEN CH'IU, Communist Chinese Sci. Abstr. Chem. **5** (1965), 1; Ref. in C. A. **64** (1966), 12830 f.
[42] ULBERT, K., Collect. Czechoslov. chem. Commun. **30** (1965), 3285–3293.
[43] FISCHER, H., und K. H. HELLWEGE, Z. Naturforsch. **18a** (1963), 994–1000.
[44] KASHIWAGI, M., und Y. KURITA, J. chem. Physics **40** (1964), 1780–1782.
[45] DAMMERAU, W., G. LASSMANN und H. G. THOM, Z. phys. Chem. **223** (1963), 59–65.
[46] BRODSKII, A. I., A. S. FOMENKO, T. M. ABRAMOVA, E. G. FURMAN, E. P. DAREVA, I. I. KUKHTENKO und A. A. GALINA, Dokl. Akad. Nauk SSSR **156**, No. 5 (1964), 1147–1149.
[47] ABRAHAM, R. I., und H. D. WHIFFEN, Trans. Faraday Soc. **54** (1958), 1291.
[48] MOLIN, D. N., und A. T. KORITSKII, Vysokomol. Soed. **4** (1962), 690.
[49] SHINOHARA, I., und D. BALLANTINE, J. chem. Phys. **36** (1962), 3042.
[50] GRAVES, C. T., und M. G. ORMEROD, Polymer (London) **4** (1963), 81.
[51] RAFIKOV, S. R., und HSU CHI-P'ING, Vysokomol. Soed **3** (1961), 56.
[52] HOFMANN, H.-D., Chemiker Ztg. **17** (1966), 595–599.
[53] KRÜSSMANN, H., Diss., Aachen 1969.
[54] VALK, G., H. KRÜSSMANN und P. DIEHL, Makromolekulare Chem. **107** (1967), 158–169.
[55] VALK, G., und H. KRÜSSMANN, Angew. Chemie **79** (1967), 1021.
[56] VALK, G., und Mitarbeiter, Jahrbuch des Landesamtes für Forschung des Landes Nordrhein-Westfalen 1968; S. 475–498.
[57] KRÜSSMANN, H., G. VALK, G. HEIDEMANN und S. DUGAL, Angew. Chem. **81** (1969), 226; Angew. Chem. internat. Edit. **8** (1969), 215.
[58] VALK, G., H. KRÜSSMANN, S. DUGAL und CHR. GENTZSCH, Angew. Makromolekulare Chem. **10** (1970), 127–134.
[59] VALK, G., G. HEIDEMANN, S. DUGAL und H. KRÜSSMANN, Ibid. **10** (1970), 135–142.
[60] HEIDEMANN, G., und H. ZAHN, Makromolekulare Chem. **62** (1963), 123–133.
[61] DALE, J. Angew. Chem. **78** (1966), 1070–1093.
[62] HEIDEMANN, G., und H.-J. NETTELBECK, Faserforsch. u. Textiltechn. **18** (1967), 183.
[63] HEIDEMANN, G., Vortrag VIII. Europ. Kongreß über Molekülspektroskopie, Budapest, 22.–27. 7. 1963.
[64] NEIMAN, M. B., Aging and Stabilization of Polyamides Consultants Bureau, New York, 1965.
[65] VOIGT, A., Stabilisierung der Kunststoffe gegen Licht und Wärme, Springer-Verlag 1966.
[66] SPERANSKII, A. A., A. B. PAKSVER, V. M. CHARITONOV, JU. V. KORSAK und K. K. MOZGOVA, Sowj. Beiträge Faserforsch. u. Textiltechn. **4** (1967), 288–292.
[67] U.S.P. 3076789 v. 23. 7. 1957, ausgegeben am 5. 2. 1963, Du Pont de Nemours, Wilmington, Delaware, USA (W. E. Mochel, W. H. Sharkey, F. T. Wall).
[68] LEVANTOVSKAYA, I. I., B. M. KOVARSKAYA, N. B. NEIMANN und E. G. ROZANTSEV, Plast. Massen (UdSSR) **1964**, Nr. 3, 14–17 in engl. Übersetzung.
[69] NEIMAN, M. B., L. A. KRINICKAYA und E. G. ROZANCEV, Izvestija Akad. Nauk SSSR, Ser. chim. **1965**, 2055–2057.
[70] TOKAREVA, L. G., Vysokomol. Soed. (UdSSR) **2** (1960), 1728–1738.
[71] KOVARSKAJA, B. M., P. M. TANUNINA, I. I. LEVANTOVSKAYA, L. P. LITVAK, P. A. KIRPICNIKOV und IA. A. GURVIC, Plast. Massy **1965**, 7–8, Ref. Kolloid-Z. **214** (1966), 91.
[72] LEVANTOVSKAYA, I. I., M. P. VAZVIKOVA, M. K. DOBROKHOTOVA, B. M. KOVARSKAYA und K. L. VLASOVA, Plast. Massy **1963**, 456 ff.
[73] EPSTEIN, M. M., und C. W. HAMILTON, Mod. Plastics **37** (1960), 142 ff.

[74] HARDING, G. W., und B. I. MCNULTY, Soc. Chem. Ind. (London), Monogr. 13 (1961), 392ff.
[75] SALVIN, V. S., Amer. Dyestuff Reporter 57 (1968), 51–54.
[76] FESTER, W., Textile Res. J. **1964**, 362–366.
[77] HALL, A. J., Hosiery Times **1964**, 67–69.
[78] TORNAU, E., und A. MACULIS, Mekh. Polim. **1967**, 296–301; Ref. in C. A. 67 (1967), 6135, 64942 Z.
[79] BÄCKSTRÖM, H. J. L., J. Amer. chem. Soc. 49 (1927), 1460ff.
[80] BOLLAND, J. L., und G. GEE, Trans. Faraday Soc. (London) 42 (1946), 236ff.
[81] WILSON, I. E., Ind. Engng. Chem. 47 (1955), 2201.
[82] NEIMAN, M. B., Uspechi Chimii (russ.) (Fortschr. Chem.) 33 (1964), 28–51, 1380.
[83] SHELTON, I. R., Rubber Chem. Technol. 30 (1957), 1251; SHELTON, I. R., J. Appl. Polymer Sci. 2 (1959), 345; SHELTON, I. R., und E. T. MCDONEL, J. Polymer Sci. 42 (1960), 289.
[84] HAMMOND, G. S., C. E. BOOZER, C. E. HAMILTON und I. N. SEN, J. Amer. chem. Soc. 77 (1955), 3238–3244.
[85] CRANO, I. C., J. org. Chemistry 31 (1966), 3615–3617.
[86] HORNER, L., und K. H. KNAPP, Makromolekulare Chem. 93 (1966), 69–108.
[87] ANGERT, L. G., und A. S. KUZMINSKII, J. Polymer Sci. 32 (1958), 1–25.
[88] KENNERLY, G. W., und W. L. PATTERSON, Ind. Engng. Chem. 48 (1956), 1917.
[89] SCHLJAPNIKOV, JU. A., V. B. MILLER, M. B. NEIMAN und Ie. SS. Torssvjeva, Vysokomol. Soed 5 (1963), 1507–1512; Zbl. 136 (1965), 39, 1068.
[90] KLJUEVA, N. D., G. E. MURATOVA, A. I. KASLINSKIJ und A. V. SOKOLOV, Z. Anal. Chim. 22 (1967), 292–294 (russ.); Ref. in Z. analyt. Chem. 237 (1968), 316.
[91] FESTER, W., Z. ges. Textilind. 66 (1964), 955–958.
[92] SHLYAPNIKOV, YU. A., und V. B. MILLER, Starenie Stabil. Polim. **1966**, 27–38; Ref. in C. A. 67 (1967), 7799, 82529 Z.
[93] TROTMAN-DICKENSON. A. F., The Abstraction of Hydrogen Atoms by free radicals, in Adv. of free radical chemistry, Vol. I, Editor G. H. Williams, Logos Press Academic Press, London, 1965, p 20.
[94] RUSSELS, G. A., und R. C. WILLIAMSON, J. Amer. chem. Soc. 86 (1964), 2360–2361.
[95] HENDRY, D. G., und G. A. RUSSEL, J. Amer. chem. Soc. 86 (1964), 2368–2371.
[96] THIEL, A., Zeitschr. Elektrochemie 35 (1929), 274–278.
[97] GOULD, E. S., Mechanismus und Struktur in der organischen Chemie, Verlag Chemie, Weinheim/Bergstraße 1962, S. 265.
[98] TSENG KUANG-CHIH, Acta chimica sinica 32 (1966), 137.
[99] GOULD, E. S., Mechanismus und Struktur in der organischen Chemie, Verlag Chemie, Weinheim/Bergstraße 1962, 820.
[100] HAZELL, J. E., und K. E. RUSSELL, Canadian J. Chemistry 36 (1958), 1729–1734.
[101] PAPARIELLO, G. J., und M. A. M. JANISH, Analytical Chem. 37 (1965), 899–902.
[102] MCGOWAN, J. C., T. POWELL und R. RAW, J. Chem. Soc. (London) **1959**, 3103–3110.
[103] VENKER, P., und H. HERZMANN, Naturwiss. 47 (1960), 133–134.
[104] PROLL, P. J., und L. H. SUTCLIFFE, Trans. Faraday Soc. (London) 59 (1963), 2090–2098.
[105] SCHENK, G. H., und D. J. BROWN, Talanta 14 (1967), 257–261.
[106] IVANOV, K. I., Voprosy Khim. Kinetiki, Kataliza i Reaktionoi Sposobuosti, Akad. Nauk SSSR **1955**, 260–272.
[107] IVANOV, K. I., und E. D. VILANSKAYA, Doklady Akad. Nauk SSSR (C. R. Acad. Sci. URSS) russ., 102 (1955), 551–554.
[108] ROTHE, I., und M. ROTHE, Chem. Ber. 88 (1955), 286.
[109] SOUKUP, R. J., R. J. SCARPELLINO und E. DANIELCZIK, Analyt. Chem. 36 (1964), 2255 bis 2256.
[110] PAILER, M., und W. J. HÜBSCH, Mh. Chem. 97 (1966), 1541–1553.
[111] DARBRE, A., und K. BLAU, J. Chromatog. 17 (1965), 31–49.
[112] DBP 876.273 v. 26. 6. 1942, ausg. am 11. 5. 1953 (Inh. Anton Wolf, Heidelberg).
[113] TREIBS, W., Chem. Ber. 72 (1939), 1194–1199.

[114] Thompson, Q. E., J. Amer. chem. Soc. **73** (1951), 5841–5846.
[115] Ullmann, F., und W. Bader, Liebig Ann. Chem. **355**, 323–358.
[116] Backer, H. J., und S. K. Wadman, Rec. trav. chim. Pays-Bas **68** (1949), 595–603.
[117] Moed, H. D., Diss., Groningen 1947.
[118] Dulog, L., Makromolekulare Chem. **77** (1964), 206–219.
[119] Waters, W. A., Mechanisms of oxidation of Organic Compounds, Methuen & Co., Ltd., 1963.
[120] Pritzkow, W., und Kl. Dietzsch, Chem. Ber. **93** (1960), 1733–1740.
[121] Fuson. M., M.-L. Josien, R. L. Powell und E. Utterback, J. chem. Physics **20** (1952), 145–152.
[122] Brügel, W., Einf. in d. UR-Spektroskopie, Dr. Dietrich Steinkopf, Darmstadt 1962, 3. Aufl., S. 292–297.
[123] Hofmann, H.-D., und A. B. El Shafie Darwish, Chemiefasern **20** (1970), 895–897.

Abbildungsanhang

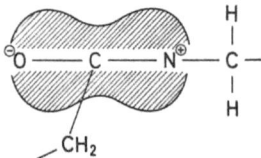

Abb. 2.1 Elektronendichteverteilung der Carbonamidgruppe
(die Carbonamidgruppenebene steht senkrecht auf der Papierebene)
(zu S. 13)

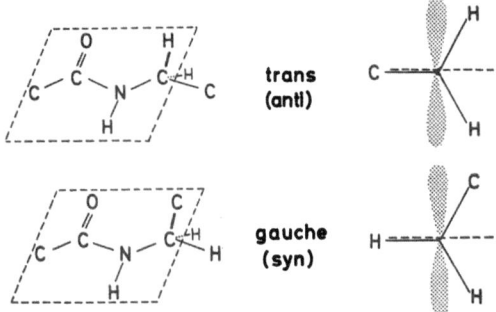

Abb. 2.2 Konformation der N-vicinalen Methylengruppe
(rechts Newman-Projektion, gestrichelte Linie Carbonamidebene)
(zu S. 13)

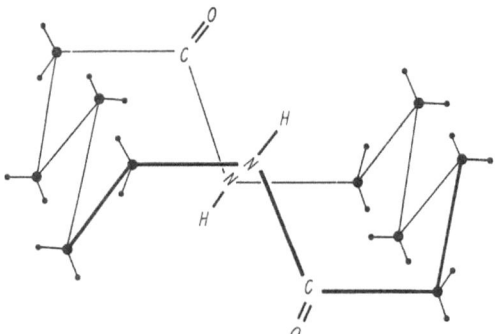

Abb. 2.3 Konformation des Cyclo-bis-(ε-aminocaproyl) nach DALE [61]
(zu S. 14)

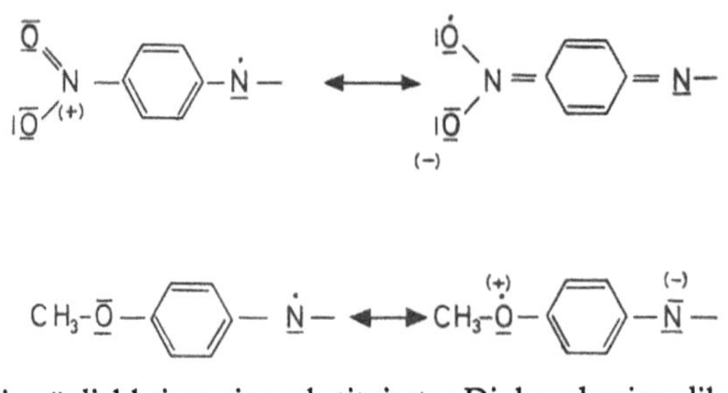

Abb. 3.1 Mesomeriemöglichkeiten ringsubstituierter Diphenylaminradikale
(zu S. 24)

Forschungsberichte des Landes Nordrhein-Westfalen

Herausgegeben im Auftrage des Ministerpräsidenten Heinz Kühn
vom Minister für Wissenschaft und Forschung Johannes Rau

Sachgruppenverzeichnis

Acetylen · Schweißtechnik
Acetylene · Welding gracitice
Acétylène · Technique du soudage
Acetileno · Técnica de la soldadura
Ацетилен и техника сварки

Arbeitswissenschaft
Labor science
Science du travail
Trabajo científico
Вопросы трудового процесса

Bau · Steine · Erden
Constructure · Construction material ·
Soilresearch
Construction · Matériaux de construction ·
Recherche souterraine
La construcción · Materiales de construcción ·
Reconocimiento del suelo
Строительство и строительные материалы

Bergbau
Mining
Exploitation des mines
Minería
Горное дело

Biologie
Biology
Biologie
Biologia
Биология

Chemie
Chemistry
Chimie
Quimica
Химия

Druck · Farbe · Papier · Photographie
Printing · Color · Paper · Photography
Imprimerie · Couleur · Papier · Photographie
Artes gráficas · Color · Papel · Fotografía
Типография · Краски · Бумага · Фотография

Eisenverarbeitende Industrie
Metal working industry
Industrie du fer
Industria del hierro
Металлообрабатывающая промышленность

Elektrotechnik · Optik
Electrotechnology · Optics
Electrotechnique · Optique
Electrotécnica · Optica
Электротехника и оптика

Energiewirtschaft
Power economy
Energie
Energia
Энергетическое хозяйство

Fahrzeugbau · Gasmotoren
Vehicle construction · Engines
Construction de véhicules · Moteurs
Construcción de vehículos · Motores
Производство транспортных средств

Fertigung
Fabrication
Fabrication
Fabricación
Производство

Funktechnik · Astronomie
Radio engineering · Astronomy
Radiotechnique · Astronomie
Radiotécnica · Astronomía
Радиотехника и астрономия

Gaswirtschaft
Gas economy
Gaz
Gas
Газовое хозяйство

Holzbearbeitung
Wood working
Travail du bois
Trabajo de la madera
Деревообработка

Hüttenwesen · Werkstoffkunde
Metallurgy · Materials research
Métallurgie · Matériaux
Metalurgia · Materiales
Металлургия и материаловедение

Kunststoffe
Plastics
Plastiques
Plásticos
Пластмассы

Luftfahrt · Flugwissenschaft
Aeronautics · Aviation
Aéronautique · Aviation
Aeronáutica · Aviación
Авиация

Luftreinhaltung
Air-cleaning
Purification de l'air
Purificación del aire
Очищение воздуха

Maschinenbau
Machinery
Construction mécanique
Construcción de máquinas
Машиностроительство

Mathematik
Mathematics
Mathématiques
Matemáticas
Математика

Medizin · Pharmakologie
Medicine · Pharmacology
Médecine · Pharmacologie
Medicina · Farmacología
Медицина и фармакология

NE-Metalle
Non-ferrous metal
Metal non ferreux
Metal no ferroso
Цветные металлы

Physik
Physics
Physique
Física
Физика

Rationalisierung
Rationalizing
Rationalisation
Racionalización
Рационализация

Schall · Ultraschall
Sound · Ultrasonics
Son · Ultra-son
Sonido · Ultrasónico
Звук и ультразвук

Schiffahrt
Navigation
Navigation
Navegación
Судоходство

Textilforschung
Textile research
Textiles
Textil
Вопросы текстильной промышленности

Turbinen
Turbines
Turbines
Turbinas
Турбины

Verkehr
Traffic
Trafic
Tráfico
Транспорт

Wirtschaftswissenschaften
Political economy
Economie politique
Ciencias económicas
Экономические науки

Einzelverzeichnis der Sachgruppen bitte anfordern

 Springer Fachmedien Wiesbaden GmbH

MIX
Papier aus verantwortungsvollen Quellen
Paper from responsible sources
FSC® C105338

If you have any concerns about our products,
you can contact us on
ProductSafety@springernature.com

In case Publisher is established outside the EU,
the EU authorized representative is:
**Springer Nature Customer Service Center GmbH
Europaplatz 3, 69115 Heidelberg, Germany**

Printed by Libri Plureos GmbH
in Hamburg, Germany